钢铁企业安全事故典型案例分析与防范

王大勇　主编

北　京

冶 金 工 业 出 版 社

2017

内 容 提 要

本书选编了钢铁企业焦化、烧结球团、炼铁、炼钢、轧钢等主要生产工序和工业气体、电气作业中的典型生产安全事故案例,对事故发生的直接原因和间接原因进行了分析,提出了相应的事故防范措施。为了更深入地了解《安全生产法》,本书对其修改的内容进行了解读。

本书可供钢铁企业安全教育使用,也可供政府安全生产监督管理部门、钢铁行业安全生产管理部门参考。

图书在版编目(CIP)数据

钢铁企业安全事故典型案例分析与防范/王大勇主编 . —北京:冶金工业出版社,2017.1

ISBN 978-7-5024-7444-7

Ⅰ.①钢… Ⅱ.①王… Ⅲ.①钢铁企业—安全事故—事故分析②钢铁企业—安全事故—事故预防 Ⅳ.①TF089

中国版本图书馆 CIP 数据核字(2016)第 298703 号

出 版 人 谭学余
地　　址 北京市东城区嵩祝院北巷 39 号　邮编　100009　电话　(010)64027926
网　　址 www. cnmip. com. cn　电子信箱　yjcbs@ cnmip. com. cn
责任编辑 于昕蕾 任静波　美术编辑 吕欣童　版式设计 孙跃红
责任校对 卿文春　责任印制 李玉山
ISBN 978-7-5024-7444-7

冶金工业出版社出版发行;各地新华书店经销;固安华明印业有限公司印刷
2017 年 1 月第 1 版,2017 年 1 月第 1 次印刷
169mm×239mm;12.75 印张;217 千字;188 页
35.00 元

冶金工业出版社　投稿电话　(010)64027932　投稿信箱　tougao@cnmip. com. cn
冶金工业出版社营销中心　电话　(010)64044283　传真　(010)64027893
冶金书店　地址　北京市东四西大街 46 号(100010)　电话　(010)65289081(兼传真)
冶金工业出版社天猫旗舰店　yjgycbs. tmall. com
(本书如有印装质量问题,本社营销中心负责退换)

编写委员会

王继俊	唐山瑞丰钢铁（集团）有限公司
何海江	武安市裕华钢铁有限公司
牛树林	河北东海特钢有限公司
张伟明	河北安丰钢铁有限公司
李家东	唐山新宝泰钢铁有限公司
王叶盛	辛集澳森钢铁有限公司
荣　遂	廊坊市洸远金属制品有限公司
张　青	河北永洋钢铁有限公司
梁志敏	唐山东华钢铁企业集团有限公司
苏庭泽	承德盛丰钢铁有限公司
韩文斌	武安市文安钢铁有限公司
刘乃东	涞源县奥宇钢铁有限公司
陆晓旭	河北鑫达钢铁有限公司
张　广	唐山市春兴特种钢有限公司
刘　刚	滦县金马工业有限公司
王　凯	唐山正丰钢铁有限公司
陶加富	河钢唐钢公司
苑卫科	河钢邯钢公司
张兆山	河钢宣钢公司
陈世巨	河钢承钢公司
曹秀海	河钢石钢公司
孟世民	河钢石钢公司
霍增河	德龙钢铁有限公司
刘　浩	沧州中铁装备制造材料有限公司
惠文武	河北省冶金行业协会
张雪斌	河北省冶金行业协会
司　路	河北洁源安评环保咨询有限公司
韩慧兰	河北洁源安评环保咨询有限公司

序

安全生产事关人民福祉，事关经济社会发展大局。牢固树立发展决不能以牺牲安全为代价的红线意识，严格落实安全生产责任制，坚持标本兼治、综合治理、系统建设，不断提高全社会安全生产水平，更好维护广大人民群众生命财产安全，是我们的职责所在。

安全事故的发生，有其内在规律性。事故是可防可控的，认识规律、把握规律，正确处理好人与自然的关系，人与技术设备设施的关系，人与社会的关系，就可以大大提高安全生产工作的针对性、预见性和有效性。

前事不忘，后事之师。过去发生的生产安全事故，值得研究总结。认真分析这些事故发生的原因，总结教训，举一反三，精细查找生产经营活动中存在的安全隐患，建立安全风险防控体系，有效管控风险、消除隐患，努力把事故消灭在萌芽状态，是强化安全生产工作的重要措施。

河北省冶金行业协会认真贯彻落实《安全生产法》，充分发挥协会在安全生产工作中的服务作用，积极参与全省安全生产齐抓共管新格局建设，调动行业内专家力量，结合冶金行业工艺特点，组织编写了这本《钢铁企业安全事故典型案例分析与防范》，值得肯定。该书密切结合企业实际，认真分析已往事故的内在原因，提出可以借鉴的防范措施，有助于企业不断提高员工的安全意识，有利于企业深入落实主体责任，进一步提高安全生产管理水平。

河北省安全生产监督管理局局长

2016 年 11 月 2 日

前　言

钢铁工业是国民经济的重要支柱产业。河北钢铁产业历史悠久，改革开放以来快速发展，有效地满足了国民经济发展对钢铁材料的需求，为全省经济发展做出了积极贡献，在中国钢铁工业的发展史上，铸就了钢铁大省，书写了浓墨重彩的一页。

钢铁生产流程长、工艺复杂、危险有害因素多。工艺过程中涉及有毒有害气体、高温熔融金属、放射源等危险源点，涉及动火作业、高处作业、有限空间作业等多种高危作业，导致安全生产事故频发，危害生命财产安全。部分企业安全管理力量薄弱，对职工的安全教育不足，职工缺乏基本的安全保护知识，是钢铁企业中发生安全事故的主要原因之一。因此，要深入贯彻落实习近平总书记关于安全生产工作的重要指示精神和《安全生产法》，加大安全生产宣传教育力度，进一步提升职工的安全素质。

"前事不忘，后事之师""前事昭昭，足为明戒"。为吸取事故教训，避免更多的悲剧发生，同时也为钢铁行业安全管理部门研究分析、防范事故发生和职工安全技术培训提供参考，根据《安全生产法》第十二条"有关协会组织依照法律、行政法规和章程，为生产经营单位提供安全生产方面的信息、培训等服务，发挥自律作用，促进生产经营单位加强安全生产管理"的规定，我会组织编写了本书，其中收录了近年来钢铁企业各生产工序发生的典型事故案例，并以案例为依据，从安全技术措施和安全管理培训方面提出了事故防范措施，把标准规范的要求形象化，力求简明扼要，易懂易记，便于不同文化层次的员工阅读、理解和掌握，使从业人员知道事故是如何发生的，同时明白事故也是可以预防的，了解事故预防的原理和措施，实现"要我安全"到"我要安全"的转变，以更好地预防钢铁企业安全事故的发生。

河北省安全生产监督管理局对本书编写工作给予了大力支持，河北省各钢铁企业进行了密切配合，主要钢铁企业派出了编委，河北洁源安评环保咨询有限公司直接参与了编写工作，在此一并表示感谢。

本书选编的典型案例，凝聚了多个事故调查组的心血，在此向他们致以崇高的敬意和衷心的感谢。

编　者
2016 年 11 月

目　录

❖ 第三章 炼铁安全事故 ❖

❖ 第四章 炼钢安全事故 ❖

❖ 第五章　轧钢安全事故 ❖

◈ 第六章　工业气体安全事故 ◈

❖ 第七章　电气作业安全事故 ❖

习近平总书记关于安全生产工作的重要指示
（摘　录）

● **2013 年 6 月 6 日，习近平总书记就做好安全生产工作作出重要指示：**

人命关天，发展决不能以牺牲人的生命为代价。这必须作为一条不可逾越的红线。

要始终把人民生命安全放在首位，以对党和人民高度负责的精神，完善制度、强化责任、加强管理、严格监管，把安全生产责任制落到实处，切实防范重特大安全生产事故的发生。

● **2013 年 7 月 18 日，习近平总书记就做好安全生产工作作出重要指示：**

落实安全生产责任制，行业主管部门直接监管、安全监管部门综合监管、地方政府属地监管，坚持管行业必须管安全、管业务必须管安全、管生产必须管安全，而且要党政同责、一岗双责、齐抓共管。

● **2013 年 11 月 24 日，习近平总书记在青岛中石化"11·22"东黄输油管线爆燃事故现场强调：**

各级党委和政府、各级领导干部要牢固树立安全发展理念，始终把人民群众生命安全放在第一位。各地区各部门、各类企业都要坚持安全生产高标准、严要求，招商引资、上项目要严把安全生产关，加大安全生产指标考核权重，实行安全生产和重大安全生产事故风险"一票否决"。责任重于泰山。要抓紧建立健全安全生产责任体系，党政一把手必须亲力亲为、亲自动手抓。要把安全责任落实到岗位、落实到人头，坚持管行业必须管安全、管业务必须管安全，加强督促检查、严格考核奖惩，全面推进安全生产工作。

所有企业都必须认真履行安全生产主体责任，做到安全投入到位、安全培训到位、基础管理到位、应急救援到位，确保安全生产。中央企业要带好头做表率。各级政府要落实属地管理责任，依法依规、严管严抓。

安全生产，要坚持防患于未然。要继续开展安全生产大检查，做到"全覆盖、零容忍、严执法、重实效"。要采用不发通知、不打招呼、不听汇报、不用陪同和接待，直奔基层、直插现场，暗查暗访，特别是要深查地下油气管网这样的隐蔽致灾隐患。要加大隐患整改治理力度，建立安全生产检查工作责任制，实行谁检查、谁签字、谁负责，做到不打折扣、不留死角、不走过场，务必见到成效。

要做到"一厂出事故、万厂受教育，一地有隐患、全国受警示"。各地区和各行业领域要深刻吸取安全事故带来的教训，强化安全责任，改进安全监管，落实防范措施。

• 2015 年 5 月 26 日，习近平总书记就河南鲁山县特大火灾事故作出重要指示：

各地区和有关部门要牢牢绷紧安全管理这根弦，采取有力措施，认真排查隐患，防微杜渐，全面落实安全管理措施，坚决防范和遏制各类安全事故发生，确保人民群众生命财产安全。

• 2015 年 8 月 15 日，习近平总书记对天津滨海新区危险品仓库爆炸事故作出重要指示：

确保安全生产、维护社会安定、保障人民群众安居乐业是各级党委和政府必须承担好的重要责任。天津港"8·12"瑞海公司危险品仓库特别重大火灾爆炸事故以及近期一些地方接二连三发生的重大安全生产事故，再次暴露出安全生产领域存在突出问题、面临的形势严峻。血的教训极其深刻，必须牢牢记取。各级党委和政府要牢固树立安全发展理念，坚持人民利益至上，始终把安全生产放在首要位置，切实维护人民群众生命财产安全。要坚决落实安全生产责任制，切实做到党政同责、一岗双责、失职追责。要健全预警应急机制，加大安全监管执法力度，深入排查和有效化解各类安全生产风险，提高安全生产保障水平，努力推动安全生产形势实现根本好转。各生产单位要强化安全生产第一意识，落实安全生产主体责任，加强安全生产基础能力建设，坚决遏制重特大安全生产事故发生。

• 2015 年 12 月 24 日，习近平总书记在中共中央政治局常委会会议上发表重要讲话强调：

习近平强调，重特大突发事件，不论是自然灾害还是责任事故，其中都不同程度存在主体责任不落实、隐患排查治理不彻底、法规标准不健全、安全监管执法不严格、监管体制机制不完善、安全基础薄弱、应急救援能力不强等问题。

习近平对加强安全生产工作提出五点要求。一是必须坚定不移保障安全发展,狠抓安全生产责任制落实。要强化"党政同责、一岗双责、失职追责",坚持以人为本、以民为本。二是必须深化改革创新,加强和改进安全监管工作,强化开发区、工业园区、港区等功能区安全监管,举一反三,在标准制定、体制机制上认真考虑如何改革和完善。三是必须强化依法治理,用法治思维和法治手段解决安全生产问题,加快安全生产相关法律法规制定修订,加强安全生产监管执法,强化基层监管力量,着力提高安全生产法治化水平。四是必须坚决遏制重特大事故频发势头,对易发重特大事故的行业领域采取风险分级管控、隐患排查治理双重预防性工作机制,推动安全生产关口前移,加强应急救援工作,最大限度减少人员伤亡和财产损失。五是必须加强基础建设,提升安全保障能力,针对城市建设、危旧房屋、玻璃幕墙、渣土堆场、尾矿库、燃气管线、地下管廊等重点隐患和煤矿、非煤矿山、危化品、烟花爆竹、交通运输等重点行业以及游乐、"跨年夜"等大型群众性活动,坚决做好安全防范,特别是要严防踩踏事故发生。

● 2016 年 7 月,中共中央总书记、国家主席、中央军委主席习近平在中共中央政治局常委会会议上发表重要讲话,对加强安全生产和汛期安全防范工作作出重要指示:

习近平强调,安全生产是民生大事,一丝一毫不能放松,要以对人民极端负责的精神抓好安全生产工作,站在人民群众的角度想问题,把重大风险隐患当成事故来对待,守土有责,敢于担当,完善体制,严格监管,让人民群众安心放心。

习近平指出,各级党委和政府特别是领导干部要牢固树立安全生产的观念,正确处理安全和发展的关系,坚持发展决不能以牺牲安全为代价这条红线。经济社会发展的每一个项目、每一个环节都要以安全为前提,不能有丝毫疏漏。要严格实行党政领导干部安全生产工作责任制,切实做到失职追责。要把遏制重特大事故作为安全生产整体工作的"牛鼻子"来抓,在煤矿、危化品、道路运输等方面抓紧规划实施一批生命防护工程,积极研发应用一批先进安防技术,切实提高安全发展水平。

习近平强调,要加快完善安全生产管理体制,强化安全监管部门综合监管责任,严格落实行业主管部门监管责任、地方党委和政府属地管理责任,加强基层安全监管执法队伍建设,制定权力清单和责任清单,督促落实到位。要发挥各级安委会指导协调、监督检查、巡查考核的作用,形成上下合力,齐抓共管。要改革安全生产应急救援体制,提高组织协调能力和现场救援实效。要完善各类开发区、工业园区、港区、风景区等功能区安全监管体制,严格落实安全管理措施。要完善安全生产许可制度,严把安全准入关。要健全安全生产法律法规和标准体系,统筹做好涉及安全生产的法律法规和标准的制定修订工作。

习近平强调,要加强城市运行管理,增强安全风险意识,加强源头治理。要加强城乡安全风险辨识,全面开展城市风险点、危险源的普查,防止认不清、想不到、管不到等问题的发生。

• 2016 年 10 月 31 日,全国安全生产监管监察系统先进集体和先进工作者表彰大会 31 日在京举行,中共中央总书记、国家主席、中央军委主席习近平作出重要指示:

习近平指出,安全生产事关人民福祉,事关经济社会发展大局。党的十八大以来,安全监管监察部门广大干部职工贯彻安全发展理念,甘于奉献、扎实工作,为预防生产安全事故作出了重要贡献。

习近平强调,各级安全监管监察部门要牢固树立发展决不能以牺牲安全为代价的红线意识,以防范和遏制重特大事故为重点,坚持标本兼治、综合治理、系统建设,统筹推进安全生产领域改革发展。各级党委和政府要认真贯彻落实党中央关于加快安全生产领域改革发展的工作部署,坚持党政同责、一岗双责、齐抓共管、失职追责,严格落实安全生产责任制,完善安全监管体制,强化依法治理,不断提高全社会安全生产水平,更好维护广大人民群众生命财产安全。

第一章 焦化安全事故

JIAOHUA ANQUAN SHIGU

案例 1　危险作业确认不到位导致的中毒事故

事故经过

2013 年 4 月 13 日 9：15，某焦化厂一回收作业区酸气管道发生堵塞。

9：37，中控室进行切断酸气管道气源操作，关闭酸气调节阀，当班小组长王某某和工友杨某某到现场操作，王某某关闭进酸气捕雾器的闸阀和 Y 型过滤器前酸气闸阀。

10：30，钳工赵某和胡某某到现场拆下 Y 型过滤器和阻火器，杨某某将拆下的 Y 型过滤器和阻火器清洗干净。

11：00，王某某打开 Y 型过滤器前酸气闸阀和清扫蒸汽阀门，用蒸汽清扫酸气管道后，人员全部离开现场。

11：50，王某某安排杨某某到中控室等待恢复系统，自己独自一人到现场检查管道是否清理干净。

12：00，有职工联系中控室，说王某某的电话没人接，杨某某立即去现场，发现王某某躺在地上，身边的便携式硫化氢报警仪在报警。杨某某立即回到中控室和另外一名粗苯工刘某某穿戴好空气呼吸器，到现场将王某某抬到安全位置进行现场急救，并拨打 120 急救电话，同时联系调度室和相关领导。

12：56，被送到医院的王某某经抢救无效，宣布死亡。

事故分析

此次事故的直接原因是检修操作程序和危险作业确认措施不到位。王某某切断了酸气管道气源，但并未对有毒有害气源采取有效隔断措施（加堵盲板等），处理完酸气管道堵塞故障（清洗过滤器和阻火器）后，在独自一人的情况下，先关闭了清扫蒸汽，然后到 Y 型过滤器处蹲下检查，此时酸气管道内残余硫化氢从管内逸出（当用蒸汽清扫酸气管道时，管道内的堵塞物包括萘、焦末、含硫化合物被高温蒸汽逐渐清通，残余硫化氢逸出），其吸入了残余的硫化氢气体晕倒在 Y 型过滤器处，随后持续吸入硫化氢导致发生重度中毒。

（1）脱硫－制酸生产单元需根据其工艺、设备、物料的特性和人员的生产作业活动特点，以系统的观念，辨识危险、有害因素，建立、完善安全管理制度、检修管理制度和安全操作规程；规程中需包含作业安全防护要求和应急处置措施或要点。

（2）制酸区域日常检修处理时，必须制定检修方案，方案需经审批后才能实施，相应的监护和防护措施必须到位。

（3）制酸区域增设视频监控系统，配置固定式硫化氢检测报警仪。

（4）制酸区域现场操作必须佩戴防爆型对讲机。

（5）加强硫化氢安全技术特性的培训，提高职工的辨识能力，严格按照岗位安全操作规程操作。

案例2　爆炸危险环境电气设备选型错误导致的爆炸事故

事故经过

2009年5月27日14：00，某公司焦化厂点化产作业区乙班当班操作工发现硫铵工段煤气饱和器下部母液热电偶的根部由于腐蚀严重，发生母液泄漏。根据现场情况，维修时需要把饱和器的母液液位降至热电偶下部，才能拆下热电偶。

16：00，丙班接班后将母液液位逐渐下降准备维修。

19：15，硫铵工段离心机操作工付某按正常工作程序停机后，刚走进休息室即被爆炸冲击波破坏的门击倒。在一楼的员工宋某、王某等人快速赶到现场，用干粉灭火器进行灭火，共用了15个干粉灭火器，但未能控制初期火势。在用干粉灭火器灭火的同时，向焦化厂调度闫某汇报硫铵工段爆炸起火情况。随后焦化厂调度立即向当地消防支队报警，后期经消防官兵的扑救，于20：00将火势扑灭。经现场勘查，爆炸产生于工程未完工的4号离心机和结晶槽，爆炸将厂房窗户震碎，爆炸后起火将部分塑料介质管道烧坏。

事故分析

（1）硫铵工段所有离心机电机不是增安型电机，电机在运转中产生火花，引爆混合气体，造成爆炸，是引发事故的直接原因。在查证本项目的初步设计时发现，初步设计主要设备表中硫铵离心机的电机型号是 Y160L-4B3，不是增安型的电机，而在初步设计消防篇中硫铵工段电气的类型是增安型，焦化厂是按照设备表去采购的设备，说明初步设计前后矛盾。

（2）工程未完工的 4 号离心机和结晶槽连接煤气饱和器的回流管阀门关闭不严，没有按照规程规定堵盲板，造成煤气、氨气混合气体从饱和器反窜回流至离心机和结晶槽，聚集在离心机和结晶槽内，并逸散至三楼、四楼。

（3）热电偶的安装位置存在缺陷，热电偶应该安装在回流管的上方，这样有利于维修。

事故防范

（1）对于类似检修项目，必须对饱和器煤气进出口阀门以及与饱和器连接的回流管插上盲板，采取可靠隔断措施。

（2）室内安装防爆型轴流风机，加强室内通风，降低可燃气体的浓度，并将室内可燃气体报警器与轴流风机联锁。

（3）组织对硫铵工段所有人员进行操作技能培训，进一步推进岗位危险源辨识和风险评价。

（4）对在生产区域内的工程未完项目组织人员进行排查，发现隐患及时处理，防止类似事故发生。

案例 3　化产车间蒸汽烫伤事故

事故经过

2008 年 11 月 12 日，某焦化厂化产车间二系鼓冷工段根据工作计划对二系鼓冷班 3 号初冷器进行清扫。

18：45，由操作工王某先关闭 3 号初冷器下液总阀门，后关闭顶部热氨水喷洒，打开3号初冷器下段热氨水喷洒。

19：15，王某关闭3号初冷器下段喷洒，初冷器清扫完毕。赵某和董某发现3号初冷器下段水封堵塞，然后打开水封伴热，开水封放空阀门8扣，在21：00发现水封还没有吹透，于是接入DN25mm临时蒸汽管继续吹扫。

21：50，3号初冷器下段水封吹透，撤DN25mm临时蒸汽管。放下液时董某发现3号初冷器下液管堵塞，于是关闭两个下液分阀门，打开下液总阀门10扣，开DN80mm蒸汽管进行吹扫，蒸汽阀门开度1/2后董某和郝某撤离水封处，到平台等候。

22：20，下段水封液面突然升高10cm，蒸汽夹带氨水从水封防爆口蹿出，喷到水封平台上站立的董某、郝某身上，其中郝某被喷到背面，董某被喷到正面，脸部有灼热感，送医院后确诊为面部受刺激性液体灼伤。

事故分析

（1）3号初冷器下液管蒸汽阀门开度大、压力高，导致下液管冻堵消除后，下液流速急速落下并从防爆口喷出，是造成此次事故的直接原因。

（2）操作工董某站立位置距水封防爆口太近，对处理冻堵工作风险预想不足，规程执行不到位，是造成此次事故的间接原因。

事故防范

（1）清扫工作一般安排在白班，必须夜间操作的，车间应派专人现场指导。

（2）强化员工安全意识，清扫水封时，操作工应远离水封防爆口3m外。

（3）制定冬季防冻堵措施及安全操作规程，提高员工防冻堵操作及处理冻堵操作水平。

案例4　熄焦车刮伤工亡事故

事故经过

2009年1月29日8：00，某钢铁公司焦化厂二炼焦作业区甲班接班前，作业长李某发现本班负责区域内的熄焦轨道上有很多残余焦炭，作业长李某要求熄焦车司机在当班清理干净。接班后，熄焦车驾驶员李某正常驾车作业，副驾驶员谢某和实习驾驶员付某负责清理熄焦车轨道残余焦炭。

10：25，熄焦车停在 2 号焦炉 104 号准备接焦，此时由于拦焦车出现故障不能出焦，班长盖某给钳工打电话要求维修拦焦车，钳工此时正在 1 号焦炉处的 24 号碳化室附近的熄焦轨道上处理熄焦轨道活动部位，接到维修拦焦车的要求后，由于工具多、沉重，钳工要求熄焦车来接，班长盖某命令熄焦车司机李某去 1 号焦炉接钳工维修拦焦车。接到班长盖某的指令，熄焦车司机李某驾车去 1 号焦炉接钳工，在行驶的过程中熄焦车厢把正在熄焦轨道旁边清理残余焦炭的谢某刮倒，造成胸部挤伤，送往医院后经抢救无效死亡。

事故分析

（1）在没有互保对象监护的情况下违章作业，是事故发生的直接原因之一。甲班接班后，熄焦轨道的残焦由谢某和付某负责清理，现场要求一人监护，一人清理，但是在清理过程中，实习副驾驶付某锹把突然断裂，付某急忙去仓库换锹把，而谢某急于完成眼前的工作，自己则利用 2 号焦炉接焦的间歇时间，在没有互保对象监护的情况下，背对着熄焦车作业，被运行中的熄焦车刮倒。

（2）熄焦车非作业状态下接运维修人员是事故发生的直接原因之二。熄焦车在出完 1 号焦炉的焦炭时，行驶到 2 号焦炉对位准备出焦，在 2 号拦焦车出现故障的情况下，被要求去 1 号焦炉接钳工与工具，致使熄焦车在非作业情况下运行，把正在清理残焦的谢某刮倒，导致事故发生。

（3）作业环境差、缺少安全确认是事故发生的间接原因之一。从接焦、熄焦到晾焦台，熄焦车运行的四周蒸汽大，视线不好，而且噪声大，拦焦车、熄焦人员在作业过程中无法判断周围情况。同时作业中，清理人员和运行中的熄焦车驾驶员之间没有安全的联系方式，造成事故发生。

（4）熄焦车报警系统带病运行是事故发生的间接原因之二。甲班接班后，熄焦车驾驶员李某对熄焦车进行巡检时发现喇叭失灵，通知相关人员进行维修，但由于钳工人员集中修理轨道，熄焦车未进行及时修理，致使熄焦车报警系统带病运行。

事故防范

（1）完善清理残焦作业程序。

（2）改变熄焦车行走报警声音。

（3）对新员工进行安全教育培训，提高安全意识。

案例5 焦化厂电捕爆炸事故

事故经过

2007 年 8 月 30 日某公司焦化厂准备停东电捕安装新的喷洒管。

4：45，化产作业区按照更换极丝的程序，切断东电捕电源，关闭东电捕进口煤气阀门（DN1200mm），打开氨水阀门用循环氨水对东电捕进行喷洒冲洗。

5：15 停止喷洒，关闭东电捕出口煤气阀门（DN1200mm），打开电捕顶部放散阀门（DN150mm），打开电捕底部蒸汽吹扫阀门对电捕进行吹扫，以减少电捕内焦油、萘等附着物及减少有害气体。

6：10，停蒸汽向电捕内通氮气，检修人员开始拆东电捕上、下人孔盲板。拆完电捕人孔盲板后，电工崔某、闫某到现场在下人孔处接轴流风机电源线向电捕内通风，使电捕快速降温，以达到白班电工尽快进入电捕内作业的目的。

8：00，检修中心维修人员到电捕顶部作业，开始拆卸旧喷洒管，约 10：00 维修人员将东电捕旧喷洒管拆完，然后将新喷洒管在安装口处量好尺寸并做好标记到安全地方焊接法兰。在动火前，维修人员办好动火证，焦耐厂安全员郝某、冷鼓班长孙某在动火现场监护，厂长助理刘某也在动火现场。

11：20，焊接了四片法兰后，维修人员下班吃饭，监护人员离开现场。至 11：40 维修电工在电捕内更换 3 条极丝并调整好间隙后离开现场，轴流风机继续引风。

14：00，维修人员、冷鼓班长孙某到电捕动火现场。

14：10，厂安全员郝某到现场测试电捕及周围可燃气体浓度，检测结果与上午一样，维修工袁某正在将焊好的喷洒管拿到梯子口去安装，冯某在梯子南侧平台继续焊法兰，期间化产作业区安全员陆某也到现场监护。

14：40，公司安全员谷某、煤防站刘某、焦耐厂安全主管苑某到达现场，当时现场没有动火作业。在维修班长张某向苑某等介绍施工方案及动火措施的过程中，东电捕发生爆炸。

事故分析

事故发生后，经过对爆炸现场进行仔细排查，发现最底部气流分布网架整体向上拱起，所以可以断定爆炸点为电捕底部，具体原因分析如下：

（1）通过对现场极丝吊锤逐一检查发现，有一个吊锤由于长时间接触焦油等腐蚀性物质，吊锤本身锈蚀严重，锤体与吊钩之间大面积锈蚀断开，只有一点是新痕迹没有锈蚀，所以判定吊钩与锤体连接部位由于大面积锈蚀，剩余部分无法承受锤体本身自重，致使锤体脱落与电捕下部气体分布网架撞击产生火花，引燃底部爆炸性气体产生爆炸，是事故发生的直接原因。

（2）由于化产作业区操作工人工作经验不足，在吹扫过程中没有充分考虑到电捕底部空气流通不畅，形成整个箱体的盲区，致使电捕底部残余液体在中午电捕内温度较高时，有毒物质挥发所形成爆炸性气体，是事故发生的主要原因。

事故防范

在电捕上、下两个人孔处，设置两台防爆型轴流风机，根据作业需要确定启动上一台或下一台轴流风机，保持轴流风机向内吹风，严禁向外引风。

案例6 违章穿过熄焦塔造成的受伤事故

事故经过

2005年7月9日00：10，某公司焦耐厂炼焦作业区丙班零点班，接班后熄焦车司机尹某对熄焦泵房和水位进行检查，发现熄焦池水位下降了0.4m，当时化产作业区未向熄焦池直接注水。

3：20，熄焦车司机希某在对讲机里听到调度关某和作业长夏某联系熄焦池水满外溢事宜后，与拦焦车司机杨某结成互保对象一起去看熄焦池液位。

3：50，希某、杨某二人从熄焦车轨道向东违章穿过熄焦塔时，杨某不慎落入熄焦塔内回水槽将脚烫伤。希某马上采取抢救措施，同时通知值班作业长夏某将杨某送往医院进行治疗。

事故分析

（1）此次事故纯属人为违章事故，事故主要原因为操作工杨某、希某违章穿过熄焦塔。

（2）化产作业区对熄焦水位控制不稳定造成熄焦水外溢是事故发生的间接原因。

事故防范

（1）熄焦塔区域加强管理，任何人不经批准绝对不能进入。

（2）熄焦区域增加照明。

（3）焦耐厂要制定熄焦水位控制标准，防止水满外溢事件发生。

案例 7　焦炭塔闪爆，装置紧急停车事故

事故经过

2006 年 4 月 26 日 17：00，某钢铁公司焦化分厂 400kt/a 焦化装置检修后开工。在炉出口温度 440℃时，根据工艺要求进行试翻四通阀。在试翻四通阀过程中，四通阀卡住导致焦化炉炉管压力憋压至 1.6MPa。操作工在紧急情况下打开 B 塔四通阀后的高温闸板阀泄压，高温油气（440℃）进入 B 塔（B 塔达不到备用状态，未预热，常温，且未置换赶空气），导致 B 塔内的温度、压力急剧上升，在 B 塔内发生闪爆。装置按紧急停车处理。

事故分析

（1）在开工过程中未严格执行 250℃、300℃、350℃、380℃翻四通阀温度、次数的规定，导致四通阀结焦，旋转不畅，是导致四通阀卡住、炉管憋压、B 塔闪爆的直接原因。

（2）当四通阀卡住、炉管憋压后，操作工安全意识差，未进行安全危害分析，就改换流程，导致油气进入 B 塔，是导致 B 塔闪爆的直接原因。

（3）岗位人员及工艺班长对整个装置的设备状况掌握不够，对 B 塔的备用条件、预热情况的熟悉程度不够，对 B 塔在没有赶空气时进入高温油气的危害性认识不深。

事故防范

（1）严格交接班制度，特别是在开停工过程中，各岗位都要对口交接，每个岗位的进度，每个流程的改动在交接记录本上都要体现，做到交得清楚、接得明白。

（2）在装置开停工过程中要严格按照开停工方案执行，试翻四通阀的温度、次数要严格控制。

（3）加强岗位人员技能培训，特别是开停工方案的学习。

案例 8　贸然进入人孔导致四人中毒事故

事故经过

2009 年 12 月 6 日 4：28，某钢铁公司焦化厂 2 号干熄焦主控胡某发现 2 号干熄焦的旋转密封阀有故障，向班长何某汇报，何某派胡某通知巡检工段某某、易某某去处理，同时通知焦炉当班工长吴某某带人去协助巡检。

4：40，因系统内可燃气体浓度较高，胡某要易某某先去打开氮气阀稀释系统内的可燃气体浓度。段某某很快到达 2 号干熄焦旋转密封阀平台附近的副省煤器处等待吴某某等人。

5：00，段某某听到 2 号干熄焦旋转密封阀平台方向有声响，就走近该处，看到吴某某、刘某某、聂某某站在已打开的 2 号干熄焦旋转密封阀人孔旁。吴某某看到段某某后就要他找个钩子处理旋转密封阀里面的异物，段某某则说在他未返回之前不能进行作业，并提醒此处危险要他们离开，自己则找钩子去了。当他找来钩子时发现他们三人都不见了，经寻找看到他们三人均倒在人孔内，就连忙往外拉人，但他感到呼吸困难手脚无力，就立即离开现场，同时用对讲机向主控室呼救。胡某某、何某某、易某某、邹某某、胡某等人听到呼叫后就从不同岗位迅速赶到现场进行抢救。何某还同时通知了调度室、120、公司消防队等单位。

在施救过程中胡某不听他人劝阻且未佩戴防护器具而中毒倒在人孔内，何某某、易某某等人佩戴好空气呼吸器后与赶来的消防人员将中毒人员救出并送到医院抢救。吴某某、刘某某、聂某某、胡某中毒较重，经医院全力抢救无效死亡。

事故分析

（1）吴某某等三人违反焦化厂《干熄焦巡检工岗位作业指导书》的规定，在巡检工还未关闭平板阀门的情况下打开2号干熄焦旋转密封阀人孔进行故障处理，导致有毒有害气体从打开的人孔处冒出，造成中毒事故。

（2）段某某在发现2号干熄焦旋转密封阀人孔打开后未及时确认平板阀门是否关闭而离开现场找工具，也没有采取有效措施使吴某某等人离开危险场所；易某某在发生事故到达现场后也未及时关闭平板阀门。巡检工段某某、易某某作为处理故障的主要人员，未切实履行工作职责。

（3）安全管理不严，安全生产反"三违"工作督促不力，作业现场存在违章现象。

（4）在事故发生后现场有关人员未采取正确有效的方法组织救援，少数员工安全操作意识不强，在未佩戴空气呼吸器的情况下贸然进入危险区域，导致事故扩大。

事故防范

（1）要切实加强员工的安全意识教育，组织所有员工培训学习，切实落实各项安全防范措施。

（2）必须不断提高全体员工的安全意识，强化作业现场的安全管理工作和员工遵章守纪的自觉性，增强现场反违章力度，杜绝违章作业。

（3）要重点强化应急预案的培训和演练，提高员工的应急处置能力。

（4）增设旋转密封阀人孔盖与平板阀门的联锁装置，杜绝因误操作而造成事故。

（5）加强员工的安全培训教育，提高员工的安全生产意识，杜绝违章行为。

（6）切实完善应急预案，加强应急预案演练，提高员工应急救援水平。

第二章 原料烧结球团安全事故

YUANLIAO SHAOJIE QIUTUAN ANQUAN SHIGU

案例 1　违章作业、管理不到位导致的火灾事故

事故经过

2013 年 10 月 30 日，某钙灰厂 15 号立窑生产线出灰时，南侧见红料后操作工停止出灰机，未对出红料情况确认和处理即到北侧搂灰，南侧窑门内栅栏向外侧变形漏料，炽热红料通过未关闭气动闸板的料斗落至运行的 15 号立窑下小皮带上，引燃 15 号立窑下小皮带，造成火势迅速蔓延并产生有毒烟气，导致正在皮带通廊选灰平台上作业的 7 名工人死亡，直接经济损失 490 余万元。

事故分析

（1）企业安全管理不到位，出灰机栅栏变形，监控设施损坏，未及时修理，设备管理、巡检、维护等制度未落实。

（2）企业从业人员安全生产意识淡薄，对栅栏变形无序落料及出灰中红料下落引发火灾危害认识不清。

（3）企业未组织生产火灾事故应急逃生演练，员工不能熟练掌握火灾应急逃生知识和技能。

（4）窑下小皮带、车间内、皮带转载处等生产部位监控布置不齐全，预警信息不足。

（5）企业劳动组织不合理，未考虑高空、斜廊等特殊环境对作业人员人身安全的影响，捡灰岗位设置在高空、斜廊顶端位置的料仓口。

（6）企业生产系统无正规设计，皮带通廊使用了挤塑聚苯板。企业自行对扩建项目进行组织施工，施工方与企业验收后便交付使用，未履行相关建设手续。

事故防范

（1）皮带输送系统应采用具有监视、操作、控制和保护功能的工业控制计算机系统。

（2）落红料皮带机应设置测温、降温装置。

（3）皮带机应设置紧急拉线停机装置（两侧通行时，两侧均应安装）和事故警铃。

（4）通廊应采用不可燃材料建筑。

（5）皮带通廊应设灭火器、消防栓等消防设施。

（6）通廊应设可靠的通信联系设备和足够的照明。

案例2　清理矿槽作业忽视安全防范导致坍塌伤人事故

事故经过

2006年7月21日18：30，某冶金集团有限公司烧结厂料场车间副主任宋某某在交接班记录上留交作业通知："2号翻车机托轮下面的矿槽，从今晚开始每班必须清理干净，白班夜班都得清理"。

19：00，夜班甲班工段长侯某某看到通知，组织当班人员10人于19：30开始沿矿槽北侧内壁由上至下进行清理作业，但对侧壁上黏结的物料未彻底清理干净。

21：00，当日值夜班的副主任宋某某到达作业现场，因身体不适，于23：00离开，期间对错误的作业方式未提出整改要求。

7月22日1：25，当清理接近到下料口时，料槽壁南侧粘料发生"滑坡式"溜料，将正在清料的李某某埋入料中。侯某某立即组织现场人员进行抢救，同时通知操作室拨打120急救电话，将李某某救出后及时送至医院。经医院全力抢救无效，李某某因呼吸循环衰竭死亡。

事故分析

（1）烧结厂料场车间在本次清理矿槽作业过程中，从作业指令下达到事故发生，没有严格执行安全生产"五同时"制度（即企业各级领导或管理者在计划、布置、检查、总结、评比生产的同时，要计划、布置、检查、总结、评比安全）和烧结厂《危险作业审批制度》中审批程序和制定落实安全防范措施的要求，是此次事故发生的主要原因。

（2）烧结厂料场车间，在本次清理矿槽作业中，制定了沿槽北侧内壁向下清料的作业模式，但没有对其他三侧内壁粘料提出安全处理要求，致使作业模式埋有事故隐患，是事故发生的直接原因。

（3）烧结厂将清理矿槽作业确定为危险作业，但长期未执行审批手续，有关监督管理人员监督不到位，是事故发生的管理原因。

事故防范

（1）《烧结球团安全规程》要求：料槽出现棚料时，在采取防护措施之前，严禁进入矿槽处理。

（2）《配料矿槽工安全操作规程》要求：不应随便拆除矿槽上的安全护栏；捅料要选好位置站稳，注意安全；下矿槽处理事故必须系好安全带，作业至少两人进行，设专人在矿槽上监护，一人不得下矿槽，处理事故时应停止该矿槽下的圆盘运转。

（3）《危险作业审批制度》要求：危险作业现场必须符合安全生产现场管理要求，作业现场内应整洁，道路畅通，应有明显的警示标志；危险作业过程中实施单位负责人应指定一名工作认真负责、责任心强、有安全意识和丰富经验的人作为安全负责人，负责现场的安全监督检查；危险作业单位领导和作业负责人应对现场进行监督检查，对违章指挥，作业人员有权拒绝作业，作业人员违章作业时，安全员或安全负责人有权停止作业。

案例3　违章作业被带入皮带导致伤亡事故

事故经过

2013 年 2 月 26 日 4：40，某钢铁公司烧结厂烧结车间接到公司通知，设备停止运行进行检修。

5：00，按照工作安排，配料系统停止供料，但成品系统未停机。

5：10，该公司烧结班的班长赵某某巡视到冷筛岗位，看到李某某正在冷筛岗位清扫卫生，赵某某告诉李某某设备需要检修，简单清理即可。

7：00，烧结机内物料被排空，赵某某电话请示该公司烧结车间工段长张某某，烧结机内没有物料了是否停机，张某某告诉其可以停机。随后，赵某某到冷筛岗位招呼李某某，让其和自己一起去更换该车间烧结平台算条，但李某某没有回应。赵某某立即拨打李某某手机，李某某没有接听，但冷筛岗位二层电机平台上发出手机响声，赵某某随后跑到二层电机平台上，发现李某某上身衣物被缠绕在下方传动轴上，身体卡在电机平台和下方传动轴之间，传动轴防护罩放在振动筛左侧，清扫用的扫帚放在平台上。见此情况，赵某某立即将事故情况电话告知张某某，张某某接报后，迅速带领工人赶赴现场进行抢救，李某某被救出后，立即被送往当地医院进行抢救，但经救治无效死亡。

事故分析

（1）李某某违章进入冷筛岗位二层电机平台进行清扫，上衣下摆被高速旋转的转动轴缠绕，李某某摆脱不开，随后身体也被旋转的转动轴卷入，是事故发生的直接原因。

（2）该公司安全管理不到位，管理人员安全意识差，对现场作业人员违章作业未能及时发现和有效制止，是发生事故的间接原因。

（3）该公司安全教育培训不到位，导致从业人员安全意识淡薄，对作业环境存在的危险因素认识不足，是事故发生的间接原因。

事故防范

（1）《皮带机安全操作规程》规定：操作前必须正确穿戴劳动防护用品；开机前必须对设备进行全面检查，排除障碍物，做好开机准备工作，确认皮带上和皮带机部位无人方可开机；皮带机运行中，严禁在皮带机下方打扫卫生和清料；巡检时，禁止从没有安全装置的皮带机架下通过，所有安全防护罩和安全栏杆必须保证牢固可靠；皮带机运行中或停机时，严禁人员在皮带机上行走或休息。

（2）《带式输送机安全规范》规定：沿输送机人行通道的全长应设置急停拉绳开关，拉绳开关的间距不得大于60m，当输送机的长度小于30m时，允许不设拉绳开关而用急停按钮代替，但从输送机长度方向上的任何一点到急停按钮的距离不得大于10m。

案例4　违反安全管理制度盲目施救造成煤气中毒事故

事故经过

2013年2月14日7：30，某钢铁公司竖炉分厂铁粉烘干车间烘干机准备点火生产，点火工江某某负责点火，但经几次点火后都未成功，于是江某某将点火情况向竖炉分厂厂长湛某某做了电话报告。

10：00，湛某某决定停止烘干机点火，电话通知江某某关闭烘干机全部阀门并撤出全部人员。

19：20，竖炉分厂勤杂工高某某在分厂院区内清扫杂物，由于当时温度低、风速大，高某某便走进烘干车间避风，高某某在避风时突然晕倒。班长刘某某巡检时未发现高某某，当刘某某走到烘干车间门口时，看到高某某使用的扫把放在烘干车间门口，听到车间内的煤气报警仪在报警，其在未佩戴空气呼吸器和便携式煤气报警仪的情况下便贸然进入烘干车间寻找高某某，刚进入不久，也晕倒在地面上。

19：40，湛某某和分厂副厂长徐某某巡检至烘干车间东门口时，听到车间内煤气报警仪在报警，闻到有散发的煤气味，看到距车间门口4m处有一人趴在地面上。二人认为距趴在地上的人较近，便憋气进入车间将其抬出，抬出后确认是刘某某。湛某某立即将煤气泄漏情况电话通知公司煤防站。

19：50，公司煤防员赶到烘干车间。湛某某、徐某某与两名煤防员佩戴空气呼吸器和便携式煤气报警仪进入烘干车间寻找泄漏煤气阀门，他们进入烘干车间内后发现高某某趴在烘干机皮带机南侧地面上，立即将其救出。事故发生后，现场人员立即拨打了120急救电话。10min后120急救车赶到事故现场，并立即将刘某某和高某某送往医院救治。

次日，刘某某、高某某经抢救无效后死亡。

事故分析

（1）烘干车间烘干机机头煤气阀门腐蚀老化严重，煤气阀门关闭后密闭不严导致煤气泄漏，高某某进入烘干车间避风时，吸入煤气中毒晕倒，是此次事故发生的直接原因之一。

刘某某听到车间内的煤气报警仪在报警，其未佩戴空气呼吸器便进入烘干车间寻找高某某，也吸入煤气中毒晕倒，是事故发生的直接原因之二。

（2）该公司关闭烘干机全部阀门并撤出全部人员后，现场未设置安全警示标识，未拉设警戒带，未设专人监护，安全管理存在漏洞，是事故发生的间接原因之一。

该公司安全教育培训不到位，致使职工安全意识淡薄，对作业场所可能存在的危险因素认识不足，自我防范意识差，盲目施救，造成二次伤害，是事故发生的间接原因之二。

该公司隐患排查流于形式，对事故现场老化的阀门未排查到位和及时更换，是事故发生的间接原因之三。

事故防范

（1）加强安全管理，建立健全"三项制度"建设，要及时督促、检查本单位安全生产责任制落实情况，加大安全隐患的排查力度，特别要加大对设备的巡查和检修力度，对老化及损毁严重的设备和部件要及时更换，确保设备安全运行。

（2）加强安全生产培训教育，加强重要岗位操作人员的教育培训，确保从业人员具有对本岗位各类安全隐患和风险的判断识别能力，从本质上提升作业人员的安全意识。

（3）杜绝"三违"现象发生。加强应急管理，制定有针对性的煤气事故应急预案，避免因盲目施救导致的事故扩大。

案例5 煤气设施管理不严造成的中毒事故

事故经过

2006 年 11 月 5 日 18：00，某钢铁公司烧结厂烧结作业一区 $60m^2$ 烧结机检修接近尾声，按要求组织点火烘炉。

18：20，烧结厂通知能源中心煤气救护站人员到现场，对煤气设施进行检测，经检测确认没有泄漏后，组织点火烘炉，当看火工调整助燃风阀门时，发现阀门不能调整，几次出现灭火，将助燃风机关闭，通知点检员张某到现场，点检员通知施工方进行修复。因施工方没有及时对助燃风阀门进行修复，以及岗位员工没有及时停止点火或烘炉，造成没有充分燃烧的煤气积聚，顺着助燃风管道倒流至助燃风机室内，由于助燃风机室与烧结维修作业区一区电工班和夜班休息室相邻，倒流的煤气从助燃风机室逸出从休息室南侧门进入到室内。

11月6日7：30，煤气大量涌入到休息室内，此时正值交接班时间，导致室内7名夜班值班人员和1名白班人员不同程度中毒，其中有三人中毒程度较深，其他五人轻微中毒，中毒较深的三人送当地医院治疗后，已全部清醒。

事故分析

（1）在60m² 烧结机助燃风阀门未关，助燃风阀门未及时进行处理的情况下，烧结厂负责烘炉任务的负责人没有果断做出停止烘炉的指令，岗位员工未按操作规程及时停止烘炉作业，也没有将这一情况通知周边机修厂和其他单位人员，存在严重违章指挥和违章作业行为，是事故发生的直接原因。

（2）机修厂烧结维修作业区一区电工班人员自我防范意识不强，煤气检测仪在11月6日清晨处于关闭状态，导致室内煤气大量积聚后，没有及时发现撤离，使事故扩大化和严重化。

事故防范

（1）煤气设施停煤气检修时，应可靠地切断煤气来源并将内部煤气吹净，长期检修或停用的煤气设施，应打开上、下人孔，放散管等，保持设施内部的自然通风。

（2）职工休息室、会议室、更衣室不应位于发生煤气泄漏时受影响的位置。

案例6　未进行安全确认造成的重伤事故

事故经过

2007 年 10 月 14 日 8：00，某钢铁公司烧结厂电工董某和维修工李某接班后经值班主任口头通知到 1 号皮带维修 2 号下料仓振动器，在到地下料仓前口头通知了当班工人赵某和张某，并由董某负责到地下料仓停 1 号振动器，赵某负责停 1 号皮带，并在现场监护开关。

8：30，赵某另有工作任务安排，就由张某接替赵某，但接替后张某离岗闲逛，此时检修完毕，1 号带打铃要料，张某跑到 1 号带开关处盲目地将 1 号带开启，这时维修 2 号带振动器的董某和李某刚更换完电机紧固螺丝，董某感到皮带动，立即跳了下来，但李某因皮带突然开动而摔倒，胸部抵住双腿从 2 号给料机下料口挤过（下料口离皮带约 20cm），跳下来的董某一边大声喊停车，一边迅速跑到开关处停止了皮带开关，这时张某也听到喊声从外面进来，同董某召集其余职工将伤者用车送到了医院，经拍片检查为肋骨骨折并伤及肺部，属于重伤。

事故分析

（1）操作工张某违反操作规程，盲目开动皮带，导致维修工李某摔倒挤伤，是事故发生的直接原因。

（2）维修工在检修时没有辨识存在的危险因素，站在皮带上，属于习惯性违章作业，没有考虑到皮带突然转动的后果。

（3）张某责任心极差，明知有人在检修，作为现场监护人不负责任随意离开监护岗位，在接到启动通知后盲目地开动 1 号皮带，是事故发生的间接原因。

事故防范

（1）在皮带上增加检修平台，并制作专用皮带检维修工具，严禁站在皮带上作业。

（2）加强对职工的安全教育，增强职工的安全意识和责任心。

（3）安全生产行业标准《烧结球团安全规程》（AQ 2025—2010）5.1.10 规定：应建立操作牌、工作票制度，以及停送电和安全操作确认制度。

要严格落实操作牌制度，检维修时悬挂"有人工作，禁止合闸"，并派专人监护。

案例7　煤气管阀门泄漏，回转窑点火爆炸事故

事故经过

2005年7月14日15：35，某钢铁公司烧结厂球团二车间计划对球团链箅机—回转窑进行点火烘炉，负责监护工作的车间安全员花某某对回转窑中央烧嘴的所有阀门状态进行了检查，确认无误后，要求回转窑岗位工做好点火准备工作，岗位工用氮气对煤气管道进行20min吹扫。随后回转窑岗位工李某、谭某某拆除氮气管，排煤气水封的水，然后将总管煤气主阀门开15%。主抽风机启动，主抽风机开口度为15%，耦合器转速为额定转速的50%。煤气放散时间约为20min，花某某、莫某某两人就在点火把上擦黄油以备助燃，约40s未见点燃，突然窑内传出爆炸声，一团气体夹着粉末从窑口窜出，在窑头附近的车间书记彭某某、回转窑岗位工李某、配料岗位工莫某某三人被不同程度灼伤。

事故分析

（1）因回转窑主烧嘴前的煤气管道上三道阀门（手动阀、电磁式煤气安全阀、煤气调节阀）均存在质量问题，导致不同程度的泄漏，大量煤气通过主烧嘴泄漏到窑内，被抽至链箅机预热段，形成爆炸性混合气体是发生煤气爆炸的直接原因。

（2）回转窑岗位工李某点火时从窑头门人孔伸入火把，并站在窑头门口点火，彭某某、莫某某在点火时站在窑头门口观察点火操作，站位不当，是发生煤气爆炸后人员受伤的间接原因。

事故防范

（1）安全生产行业标准《烧结球团安全规程》（AQ 2025—2010）7.4.13规定：竖炉点火时，炉料应在喷火口下缘，不应突然送入高压煤气，煤气点火前应保证煤气质量合格，并保证竖炉引风机已开启，风门打开。

（2）煤气点火前做煤气爆发试验连续三次合格后，方可点火。点火前炉内应先做负压处理。点火时，先给火种后送煤气，严禁先送煤气后给火种。点火失败重新点火时，要严格执行点火程序。

案例8 违规操作导致的煤气燃爆事故

事故经过

2013年1月10日9：00，某钢铁公司炼铁厂烧结作业区2号烧结机点火炉焦炉煤气管道（DN500mm）煤气切断作业过程中发生了一起煤气闪爆着火事故。事故造成作业人员熊某某（男，25岁，2006年5月入职）死亡，王某某（男，30岁，2003年6月6日入职）烧伤11%，其中深Ⅱ度6%、Ⅲ度5%。

1月10日上午，该公司2号烧结机计划检修，当班看火作业员熊某某（实施作业人）、代理工长王某某（作业安全监护人）、实习员曹某某三人接班后进行点火炉熄火及烧结室18.2m平台至点火炉焦炉煤气管道（DN500mm）煤气切断作业。

8：45，熊某某等三人先至点火炉炉顶对两排点火烧嘴球阀全部关闭，在确认点火炉熄火后，三人到烧结室18.2m平台进行煤气切断作业，熊某某在未确认电动蝶阀关闭及未实施管道吹扫的情况下，直接启动电动眼镜阀操作按钮实施切断作业。

9：00，在电动眼镜阀切断作业过程中发生煤气泄漏，随即发生闪爆着火。事故发生后炼铁厂立即组织对受伤人员进行救护，120救护车将熊某某、王某某送医院救治，熊某某因伤势严重死亡，王某某受伤。

事故分析

（1）电动眼镜阀在上游蝶阀未关闭的情况下打开，造成管道煤气泄漏，电动眼镜阀执行机构连杆摩擦产生火花，引起煤气闪爆着火，是事故发生的直接原因。

（2）熊某某违反烧结机岗位安全操作规程，在未确认关闭上游电动蝶阀及未进行管道氮气置换的情况下，直接实施电动眼镜阀的切断作业，松开夹紧装置后旋转阀板过程中，导致带压管道内大量煤气泄漏，是事故发生的主要原因。

（3）监护人王某某没有按盲板抽堵作业安全要求，确认作业安全措施，向作业人员交代安全注意事项，且在现场监护时，发现异常情况时没有及时制止违章作业，是事故发生的间接原因。

这是一起违反操作规程、没有确认前端阀门关闭情况下冒险启动电动眼镜阀引发的责任事故，教训十分深刻。事故暴露出煤气停送标准化作业还存在以下问题和不足：

（1）规范煤气停送作业的管理。对点火炉等生产操作过程中的煤气停送盲板抽堵作业列入危险作业管理，发现违章作业及时制止。

（2）强化现场安全监护人监护职责，发现违章及时制止。

（3）加强年轻员工的安全意识、操作和应急处置技能，严禁盲目操作，掌握对作业过程中出现的危险应采取的应急控制措施。

（4）该厂将煤气总管 18.2m 平台的电动蝶阀和手动眼镜阀移至厂房外，并将电动眼镜阀前改造更换为技术先进的 NK 阀，实现水封功能提升本质安全。

案例 9　处理皮带机故障时发生的机械伤害事故

事故经过

2013 年 4 月 30 日 20：10，某钢铁公司烧结厂二烧作业区丁班成品铺底料岗位操作工张某某夜班接班后，巡检岗位时发现 D201 皮带跑偏，随后携带工具（榔头一把）到 D201 处理。

20：55，张某某看见 D201 下皮带带料，遂用右脚蹬踩下皮带，试图将皮带弹起使物料抖落，致使右腿小腿被运行的下皮带带入头轮折断。

事故分析

（1）张某某发现 D201 下皮带带料，违反安全操作规程用右脚蹬踩运行中的下皮带，试图将皮带弹起使物料抖落，是造成此次事故的直接原因。

（2）D201 头轮防护罩有缺陷（皮带转动轮与皮带的卷入夹角没有有效防护），皮带应急开关拉绳未全覆盖皮带沿线是造成此次事故的间接原因。

事故防范

（1）安全生产行业标准《烧结球团安全规程》（AQ 2025—2010）9.8 规定：人员不应乘、钻和跨越皮带。

严禁靠近正在运行中的皮带机，不允许在运行状态下处理皮带机故障。

（2）沿输送机人行通道的全长应设置急停拉绳开关。

（3）皮带机机头、机尾设防护罩，防止人员卷入，并且设置"当心机械伤人"的警示标志。

案例 10　跨越皮带跌倒造成的机械伤害事故

事故经过

2007 年 5 月 13 日 22：20，某钢铁公司原料厂受料工段一班堆料机工张某在该厂球 4 皮带 2 号堆料机下方打扫卫生的过程中，由于存在贪图方便、侥幸冒险的心理状态，违反公司及原料厂的有关安全规章制度，跨越正在运行着的皮带机，因踩塌皮带机下回程托辊的挡雨护板，身体失衡后右脚踏空而侧身跌倒在回程皮带上，被运行的回程皮带拖入与上层皮带支架（垂直距离仅有 180mm）之间并挤压过去，导致头、脑部、内脏和右腿等多处严重受伤，胸腔内大面积出血，送医院经抢救后无效，于 5 月 14 日 0：20 死亡。

事故分析

（1）人为原因——人的不安全行为。

堆料工张某安全意识不强，安全观念淡薄，存在贪图方便的心理和侥幸冒险的行为，在皮带机未停止运转的情况下，冒险跨越皮带机，严重违反了集团公司《劳动安全卫生管理规则》"不准跨越设备，不准翻越栏杆，不准在吊车、吊物下行走"等相关安全规定以及原料厂关于"严禁跨越皮带机及一切机械设备"和"必须行走安全通道"的规定，是事故发生的直接原因。

（2）物质原因——物的不安全状态。

球 4 皮带机进出口处及其 2 号堆料机下部缺失上层皮带（只有下层回程皮

带）的地段没有悬挂"严禁跨越皮带机"或"严禁跨越机械设备"的安全警示标志牌，以随时随地提醒作业人员注意自身的安全，再加上2号堆料机下方由于缺少上层皮带所留下的空缺近50m长，而没有设置隔离护栏，这就给违章作业人员跨越皮带机形成了便利条件，也是事故发生的直接原因。

事故防范

（1）针对堆料机地段由于皮带爬梯所形成下方支架面无皮带而出现大空间的实际问题，采取在皮带机进出口处和堆料机地段设置安全警告标志以及增设随机护栏的措施，以随时随地警示职工，杜绝违章作业行为。

（2）沿胶带输送机走向每隔30～100m设一个横跨胶带输送机的过桥。

（3）加强管理人员和职工的安全教育，提高全员安全意识，经常开展全员"学规程、考规程、用规程"活动，规范职工行为，提高执行力。严格落实安全生产行业标准《烧结球团安全规程》（AQ 2025—2010）9.8规定，人员不应乘、钻和跨越皮带。

案例 11 皮带机检修作业中发生的物体打击事故

事故经过

2011年1月15日8：00，某钢铁公司烧结作业区乙班上白班。

8：10，接班后铁料接受岗位工毛某某发现PL-1皮带机裂口处加剧，马上通知主控室停止上料，待皮带上料排空后，PL-1皮带机停机，主控室联系设备检修人员处理，并通知设备保障处炼铁作业区烧结点检长祝某某，后公司总调度室出方案，在裂口处钉上一块皮带，先维持上料，将铁料矿槽上满，然后再硫化皮带，以保证烧结机不停产。

11：40，按上述方案处理完毕，PL-1经手动试车一圈后，打到自动位置，开始上铁料。

12：40，配料工长赵某某发现皮带机裂口处加剧，立即现场紧急停机，并通知烧结主控室，祝某某携检修人员赶到现场，商量后决定对皮带机进行硫化处理，并办理操作牌停机停电后开始紧急处理。由于皮带上存留物料负重过大，皮带拉不到一起，要求岗位人员将皮带上物料清理下来，倒班作业长钱某某安排岗位工赵某和崔某开始清理皮带上物料，赵某一只脚站在铁料移动漏矿车轨道上，另一只脚站在轨道座上开始从皮带上扒料。钱某某和崔某站在下面扒料。

13：50，检修人员站在皮带机裂口处处理裂口时皮带突然断裂，断裂的皮带向头、尾轮两方向迅速运动。向尾轮方向运动的皮带将赵某刮倒摔在地面上同时将崔某碰倒在地。事故发生后，倒班作业长钱某某立即通知调度室联系车，将二人送至医院治疗。

事故分析

（1）相关方在硫化皮带作业时组织不合理。

（2）多方作业时没有明确安全责任人，现场作业组织不力，缺乏统一的协调指挥。

（3）岗位工安全意识不强，在皮带机存在安全隐患时冒险作业。

事故防范

（1）加强检修作业的规范管理和监督，应采取可靠的检修安全方案并实施得当。

（2）加强作业时的互保和监督工作，尤其是针对检修现场中任何可能造成伤害的危险源进行辨识，做到提早预防。

（3）《烧结作业区皮带机岗位安全技术规程》中要求：皮带机出现故障时，首先查清原因，如需自己处理，要采取相应的安全措施，在有人监护的情况下方可处理，如需维修人员处理，岗位工负责监护和试车；设备检修时，应先切断电源，并做好操作牌的交接工作。

案例12　擅自处理事故造成的机械伤害事故

事故经过

2009 年 7 月 15 日 10：20，某钢铁公司烧结厂链箅机—回转窑 1 号皮带跑偏，主控室操作工杨某通知王某找沈某处理 1 号皮带跑偏。

10：45，沈某用电话通知杨某说处理完毕，可以起车。

10：50，起车几分钟后，主控室操作员杨某从主控室电视画面上看到沈某好像碰到手了，且情况不好，采取紧急停车，这时沈某打电话告诉杨某自己手臂断了，杨某马上组织相关人员去现场处理。

11：10，沈某被送到医院抢救。

事故分析

（1）沈某违章操作，没有按照操作要求停机处理，在未停机状态下用擦机布垫皮带调整皮带跑偏，左臂被运转中的皮带绞入，造成左臂拉断是造成事故的直接原因。

（2）沈某在第一次处理时，通知了主控室进行停机处理，处理后发现皮带仍在跑偏，在没有通知主控室停机的情况下就擅自进行跑偏处理，心存侥幸，明知有绞入的危险，冒险蛮干，是造成事故的间接原因。

事故防范

（1）坚决杜绝冒险作业，禁止用手直接接触运转设备。

（2）检修作业必须两人以上完成，做好监护。

（3）皮带机沿线设置紧急拉线停机装置（两侧通行时，两侧均应安装）和事故警铃。

（4）皮带两侧安装护栏，防止人滑倒跌入皮带转动部位。

案例 13　作业人员掉入烧结矿漏斗造成的工亡事故

事故经过

2008 年 8 月 23 日 20：16，某钢铁公司炼铁厂皮带系统突然停电，造成烧结厂成品皮带压料，受其影响其他皮带也相继停机。乙班工长刘某在得知情况后马上通知成品班长周某带领员工进行清理。

20：45，烧结主控室朱某接到工长刘某（甲）可以启车的命令后，开始启车操作，成品系统陆续启动。这时站在成品皮带下料漏斗口清理积料的郝某、刘某（乙）在没有准备的情况下被下沉的烧结矿带入下料斗内。眼看着郝某、刘某（乙）往下沉，李某伸手去拉离他最近的刘某（乙）。站在旁边的班长周某急忙跑到皮带控制箱操作断电，进行停机救人。

21：30，工长刘某（甲）等人随后将伤者救出并送往医院，但由于伤势过重，郝某、刘某（乙）经抢救无效死亡。

事故分析

（1）安全操作规程没有得到执行。首先是岗位操作人员没有按照安全操作规程的要求，在事故状态下将转换开关打到零位，就开始进行清理。其次是主控工在接到工长启车命令后没有按照规程要求与成品皮带工进行确认就启动皮带，导致事故的发生。

（2）安全设施不完善。1）皮带下料口虽然有护栏但没有安装料口箅子；2）皮带控制开关布置不合理，成品皮带控制开关在机头与炼铁矿1皮带交汇处，地方狭小不方便操作；3）启车电铃失去作用，烧结厂皮带系统电铃长时间在高尘环境下，大部分已损坏无法使用，造成员工在启车后听不到电铃警报。

事故防范

（1）现场作业时必须办理操作牌，在操作牌没有返回前，坚决不能操作现场设备。启车前，现场操作人员必须做好确认，在确认设备旁边无人作业后才可以启动设备。

（2）设备安全防护设施必须齐全可靠，这样即使现场操作人员误操作，或者有人违章作业，也可以将危险系数降到最低。特别是现场预警铃必须保证好使，在启车前启动预警铃并用广播喊话，可以有效地提醒现场作业人员及时撤离。

（3）安全生产行业标准《烧结球团安全规程》（AQ 2025—2010）7.2.3规定：人员进入料仓捅料时，应系安全带（其长度不应超过50cm），在作业平面铺设垫板，并应有专人监护，不应单独作业。应尽可能采取机械疏通。

案例 14 布料车前轮碾伤事故

事故经过

2007 年 1 月 12 日 16：00，某钢铁公司竖炉车间高某上四点班，接班后 2 号竖炉正常生产。

18：40，布料岗位工高某听到竖炉布料车前绳轮有异响，马上意识到布料车前绳轮缺油。高某就立刻赶到现场查看，并给此设备加油。当时，高某站在布料车北侧西头，右手拿着油杯侧身低头往布料车前绳轮加油。

18：50，高某加油即将完毕时，左手不慎碰到布料车轨道，被由东向西行驶过来的布料车前轮碾伤，经医院确诊为左手中指、无名指骨裂。

事故分析

（1）布料车绳轮加油没有专用安全设施是造成事故的直接原因。

（2）高某本人安全意识淡薄，对周围作业环境没有进行充分的安全确认是造成事故的重要原因。

（3）工作场所光线暗淡是造成此次事故的间接原因。

事故防范

（1）改造竖炉布料车绳轮加油设施，使员工在加油过程中远离运转设备。

（2）增设各作业场所的照明设备，使其光线充足。

（3）安全生产行业标准《烧结球团安全规程》（AQ 2025—2010）7.2.1 规定：配料矿槽上部移动式漏矿车的走行区域，不应有人员行走，其安全设施应保持完整。

第三章 炼铁安全事故

LIANTIE ANQUAN SHIGU

莫忘安全！

案例 1 安全管理不到位导致的灼烫事故

事故经过

2015 年 1 月 23 日 23：45，某钢铁公司炼铁厂 2 号高炉车间丁班接班，炉前组组长郑某某和铁口工刘某某、田某某进入工作岗位。

1 月 24 日 6：10，田某某站在炉前主沟北侧边缘用钢钎（长 162cm，直径 5cm，圆柱体空心钢管自制工具）清理沟边残留铁渣时，因用力过猛，身体随惯性前冲，不慎跌入炉前主沟铁水（温度约 1500℃）内死亡。

事故分析

（1）田某某站在炉前主沟北侧边缘使用自制钢钎清渣作业时，因用力过猛，身体因惯性前冲，不慎跌入炉前主沟铁水内，是事故发生的直接原因。

（2）该公司安全管理不到位，安全管理人员未认真履行安全监管职责，安全责任意识差，是事故发生的间接原因之一。

（3）该公司安全教育培训不到位，导致作业人员安全意识淡薄，对作业现场存在的危险因素认识不足，是事故发生的间接原因之二。

（4）该公司未严格落实隐患排查治理制度，隐患排查治理不到位，日常安全检查不到位，对炉前主沟两侧无防护设施的安全隐患未能及时发现并落实整改，是事故发生的间接原因之三。

事故防范

（1）加强安全管理，认真完善安全生产规章制度和操作规程，落实安全生产责任制；强化危险区域作业现场的安全监管，加大对作业现场安全检查力度。

（2）切实搞好职工的"三级教育"培训，确保作业人员具有对各类安全隐患和风险的判断识别能力，从本质上提升作业人员的安全意识，杜绝"三违"现象发生。

（3）加强隐患排查治理工作，加强对作业现场的安全设施、警示标志的日常检查。

（4）加强铁口区域作业现场管理，及时清理铁口喷溅粘接在主沟两侧的渣铁，对铁水沟进行标示，划定作业分界线禁止跨越。

（5）作业过程中作业人员应严格遵守工艺技术操作规程，对作业现场站位要确认好，严禁太靠近铁水沟内沿。

案例2　高炉长时间悬料导致炉顶爆炸事故

 事故经过

2006年3月30日，某钢铁公司炼铁厂原定对5号高炉进行计划检修，5：40高炉产生悬料，并且风口有涌渣现象，值班工长董某通知车间处理。

6：00，作业人员到达现场采取措施。

6：10，高炉减风到146kPa。

6：25，高炉11号风口有渣烧出，看水工及时用冷却水封住。由于担心高炉产生崩料后灌死并烧穿风口，高炉改常压操作，为紧急休风做准备。

6：35，高炉改切断煤气操作，炉顶、重力除尘器通蒸汽。

6：50，操作人员观察炉况比较稳定，又减风到70kPa，稍后又发现有风涌渣现象。

7：10，高炉加风到89kPa，压量关系转好，但炉顶温度明显上升。

为控制炉顶温度，从7：35开始间断打水，控制炉顶温度在300~350℃。

8：15，高炉工况呈好转趋势，但发现此间料尺没有动，怀疑料尺受阻，值班工长董某叫2名煤防员、2名检修人员到炉顶平台对料尺进行检查。

8：39，炉内塌料引起炉顶发生爆炸，造成6人死亡、6人受伤的事故。

事故分析

高炉炉顶爆炸是工艺、技术层面的原因。爆炸发生前，高炉长时间悬料（约3h），炉内下部形成较大空间，成为一个高温高压的容器，而炉身上部形成棚料（固体料柱），又因为高炉已经切煤气操作，高炉炉顶放散阀打开，炉顶和大气相通。炉顶温度逐步升高，超过规定值（350℃），在40min内断续打水，控制炉顶温度在300~350℃之间。当炉内突发塌料时，炉顶瞬间产生负压，空气从炉顶

放散阀处瞬间进入炉内，炉身上部含有水的固体料柱突然坍塌，附着在固体料柱上的水遇高温后，分解产生氢气和氧气，和炉内下部的高温煤气突然混合后（炉内下部温度高于1000℃），发生爆炸。

事故防范

高炉悬料的现象是风压逐步升高，风量相应减小，风口耀目，渣铁过热。悬料最主要的特点是料尺不动，炉料不下。

高炉悬料后应采取的操作措施：

（1）出现悬料时应立即减风改常压，通知停氧、停喷煤，严禁高压烧崩。

（2）有条件的拉风坐料，回风风压应低于正常水平。

（3）坐料后根据情况减轻焦炭负荷。

（4）连续坐料恢复困难，可堵风口恢复炉况后再逐个捅开风口。

案例3　独自进行高处作业不慎发生坠落事故

事故经过

2007年7月28日17：30，某钢铁公司炼铁厂检修车间职工齐某（男，49岁），在2800m³高炉净煤气管道（直径2.6m）内，监护某冶建公司焊工丁某进行切割管道内支架作业。

18：00，车间工友发现齐某还没有在下班记录本上签到，就向车间领导汇报。检修车间副主任侯某到现场确认作业进度，也找不到齐某，就马上向厂里汇报。厂里马上组织寻找，于20：00割开煤气管道，在净煤气管道北侧下降管（落差22m）底部找到齐某，其已经死亡。

事故分析

（1）事故的直接原因是齐某安全意识不强，在进行高处作业时独自一人向管道远端行进，没有相互监护和提醒的人员，以致在行进过程中不慎坠落身亡。

（2）车间管理混乱，对工人安全教育不够，安全监管不到位是事故发生的间接原因。

事故防范

（1）安全生产行业标准《炼铁安全规程》（AQ 2002—2004）19.1.2 规定：检修现场应设统一的指挥部，并明确各单位的安全职责。参加检修工作的单位，应在检修指挥部统一指导下，按划分的作业地区与范围工作。检修现场应配备专职安全员。

（2）安全生产行业标准《炼铁安全规程》（AQ 2002—2004）第 19.1.7 条规定：设备检修和更换，必须严格执行各项安全制度和专业安全技术操作规程。检修人员应熟悉相关的图纸、资料及操作工艺。检修前，应对检修人员进行安全教育，介绍现场工作环境和注意事项，做好施工现场安全交底。

（3）安全生产行业标准《炼铁安全规程》19.1.11 规定：高处作业，应设安全通道、梯子、支架、吊台或吊盘。吊绳直径按负荷确定，安全系数不应小于6。作业前应认真检查有关设施，作业不得超载，脚手架、斜道板、跳板和交通运输道路，应有防滑措施并经常清扫，高处作业时，应佩戴安全带。

案例4　违规清渣导致铁渣遇水爆炸事故

事故经过

2001 年 5 月 6 日 15：30，某钢铁公司炼铁厂中班作业人员 7 人按时到达炼铁厂 3 号高炉休息室，做接班前的工作准备。

15：50，正式接替早班人员作业岗位，陈某被安排在下渣岗位，主要负责从出铁沙坝至冲渣沟地段炉渣的清理工作。中班第一炉铁于 16：05 出完，堵铁口后，陈某等当班人员全部进入休息室休息。

16：15，陈某走出休息室，独自在冲渣沟处用钢钎撬铁渣。

16：17，在主沟附近突然一声巨响（冲渣水阀门未关死，水源未截断，渣中带铁，铁渣遇水爆炸），顿时一些铁渣飞溅起来。随后其他人员跑到爆炸点寻找陈某，在 4 号高炉的冲渣沟里发现陈某，陈某已经死亡。

事故分析

（1）陈某违章作业，按照炼铁厂炉前工技术要求，上、下渣沟溜嘴处炉渣必须等冷却后才能去戳（一般在 30min 左右，如果 30min 后还没有冷却，可打水冷却），且撬棍要长，防止戳到冲渣沟中"放炮"伤人。堵铁口后，当班作业人员本应休息 30min，但陈某只休息了 10min 左右，就去作业，一是时间要求没达到，铁渣还没有完全冷却；二是戳铁渣前，冲渣水阀门未关严，水源未截断，导致铁渣遇水发生爆炸。

（2）现场安全管理不到位，安全管理制度和操作规程流于形式。堵铁口后，当班人员都进入了休息室休息，大约过了 10min，陈某就独自一人去作业，在休息室的其他人员却没有及时制止。

（3）安全教育培训不到位，陈某只有初中文化，进炼铁厂后没有进行过正规、系统的三级安全教育培训。

事故防范

（1）渣沟中堆有泡渣和结渣，必须确认冷却后方准清理。清理时钢钎要长，人站的距离要远一点，以防铁渣爆炸伤人，严禁边放渣边清理。

（2）渣沟内应有沉铁坑，渣中不应带铁。

（3）安全生产行业标准《炼铁安全规程》（AQ 2002—2004）13.3 规定：渣、铁沟应有供横跨用的活动小桥。撇渣器上应设防护罩，渣口正前方应设挡渣墙。出铁、出渣期间，人员不应跨越渣、铁沟，必要时应从横跨小桥通过。

（4）安全生产行业标准《炼铁安全规程》（AQ 2002—2004）4.11 规定：炼铁企业应定期对职工进行安全生产和劳动保护教育，普及安全知识和安全法规，加强业务技术培训。职工经考核合格方可上岗。

新工人进厂，应首先接受厂、车间、班组三级安全教育，经考试合格后由熟练工人带领工作至少三个月，熟悉本工种操作技术并经考核合格方可独立工作。

调换工种和脱岗三个月以上重新上岗的人员，应事先进行岗位安全培训，并经考核合格方可上岗。

外来参观或学习的人员，应接受必要的安全教育，并应由专人带领。

（5）安全生产行业标准《炼铁安全规程》（AQ 2002—2004）4.11 规定：特种作业人员和要害岗位、重要设备与设施的作业人员，均应经过专门的安全教育和培训，并经考核合格、取得操作资格证，方可上岗。上述人员的培训、考核、发证及复审，应按国家有关规定执行。

（6）《安全生产法》第二十五条规定：生产经营单位应当对从业人员进行安全生产教育和培训，保证从业人员具备必要的安全生产知识，熟悉有关的安全生产规章制度和安全操作规程，掌握本岗位的安全操作技能，了解事故应急处理措施，知悉自身在安全生产方面的权利和义务。未经安全生产教育和培训合格的从业人员，不得上岗作业。

案例5　料仓内煤气含量检测不到位造成中毒事故

事故经过

2006年10月27日22：15，某钢铁公司炼铁厂新1号高炉上料操作工发现S102皮带头轮的受料斗堵料，于是把S102皮带停下，并用对讲机通知上料班长曹某，要他前去了解情况并进行处理。曹某随后带领本班上料工徐某（男，25岁）到炉顶料仓。曹某将煤气报警仪放在料仓人孔处检测，无煤气报警。于是，徐某便从人孔进入料仓，清理格栅上的杂物。约30s后，徐某告诉曹某，头有点晕，呼吸困难，感觉很难受，随即便倒在料仓内。曹某立即用对讲机告知主控室要求派人救援。

22：49，徐某被救出料仓，随即送医院抢救，因煤气中毒严重，经抢救无效死亡。

事故分析

事故的主要原因是：对料仓内煤气和氧含量检测不到位。曹某安全意识不够，安全隐患排查不到位，只是在料仓的人孔处进行了煤气和氧含量的检测，由于料仓一般面积较大，仓里的煤气和氧气浓度分布并不均匀，所以只检查人孔处的气体含量是不够的。

事故防范

（1）安全生产行业标准《炼铁安全规程》（AQ 2002—2004）6.7规定：煤气区的作业，应遵守GB 6222的规定。各类带煤气作业地点，应分别悬挂醒目的警告标志。在一类煤气作业场所及有泄漏煤气危险的平台、工作间等，均宜设置方向相对的两个出入口。大型高炉，应在风口平台至炉顶间设电梯。

（2）安全生产行业标准《炼铁安全规程》（AQ 2002—2004）6.8 规定：煤气危险区（如热风炉、煤气发生设施附近）的一氧化碳浓度应定期测定。人员经常停留或作业的煤气区域，宜设置固定式一氧化碳检测报警装置，对作业环境进行监测。到煤气区域作业的人员，应配备便携式一氧化碳报警仪。一氧化碳报警仪应定期校核。

（3）安全生产行业标准《炼铁安全规程》（AQ 2002—2004）6.9 规定：无关人员，不应在风口平台以上的地点逗留。通往炉顶的走梯口，应设立"煤气危险区，禁止单独工作！"的警告标志。

（4）安全生产行业标准《炼铁安全规程》（AQ 2002—2004）6.9 要求，在槽上及槽内工作，应遵守下列规定：作业前应与槽上及槽下有关工序取得联系，并索取其操作牌；作业期间不得漏料、卸料；进入槽内工作，应佩戴安全带，设置警告标志；现场至少有一人监护，并配备低压安全强光灯照明；维修槽底应将槽内松动料清完，并采取安全措施方可进行；矿槽、焦槽发生棚料时，不应进入槽内捅料。

（5）《有限空间安全作业五条规定》（国家安全生产监督管理总局令第 69 号公布）规定：1）必须严格实行作业审批制度，严禁擅自进入有限空间作业。2）必须做到"先通风、再检测、后作业"，严禁通风、检测不合格作业。3）必须配备防中毒窒息等个人防护装备，设置安全警示标识，严禁无防护监护措施作业。4）必须对作业人员进行安全培训，严禁教育培训不合格上岗作业。5）必须制定应急措施，现场配备应急装备，严禁盲目施救。

案例6 越岗操作被泥炮液压活塞挤伤事故

事故经过

2006 年 11 月 22 日 5：55，某钢铁公司 3 号高炉新职工李某（2006 年 10 月 10 日入厂）由于当班炉前工休班，铁口工赵某叫李某帮忙装炮泥（属越岗操作），当李某上完第一次炮泥后，伸左手去按泥缸里面的炮泥是否放好，不慎被液压泥炮活塞挤伤，事发后被送往医院急救，最终造成两根手指残废。

事故分析

张某在操作泥炮打压时，没有与李某做好互相联系和安全确认工作，凭主观意识操作，违反"安全确认制"是事故的主要原因。另外，铁口工赵某叫李某去装炮泥，是一种越权指挥行为。

事故防范

（1）安全生产行业标准《炼铁安全规程》（AQ 2002—2004）14.1.3 规定：泥炮应有专人操作，炮泥应按规定标准配制，炮头应完整。打泥量及拔炮时间，应根据铁口状况及炮泥种类确定。未见下渣堵铁口时，应将炮头烤热，并相应增加打泥量。

（2）安全生产行业标准《炼铁安全规程》（AQ 2002—2004）14.1.4 规定：泥炮应有量泥标计或声响信号。清理炮头时应侧身站位。泥炮装泥或推进活塞时，不应将手放入装泥口，启动泥炮时其活动半径范围内不应有人。

（3）安全生产行业标准《炼铁安全规程》（AQ 2002—2004）14.1.5 规定：装泥时，不应往泥膛内打水，不应使用冻泥、稀泥和有杂物的炮泥。

（4）安全生产行业标准《炼铁安全规程》（AQ 2002—2004）14.1.8 规定：铁口发生事故或泥炮失灵时，应实行减风、常压或休风，直至堵好铁口为止。

案例7 工人违章作业导致的坍塌事故

事故经过

2015 年 7 月 22 日，某钢铁公司炼铁厂 6 号高炉停产。

7 月 25 日，公司制定了 6 号高炉扒炉方案，并报公司安全处备案，计划 8 月 1~20 日进行扒炉作业。

8 月 11 日 13：00，该公司炼铁厂 6 号高炉炉前值班长吕某组织工人开始工作，吕某和炉前工肖某负责清理 11 号风口的积料，炉前工朱某某、杨某某负责清理 14 号风口积料。

13：30，6 号高炉炉前副值班长宋某某从 17 号风口进入炉内查看炉料排出不畅的原因，高炉炉墙上的炉料突然坍塌将其砸伤，经抢救无效死亡。

事故分析

（1）宋某某违反操作规程，违规从风口进入炉内查看高炉炉料情况时，炉墙上的炉料突然坍塌将其砸伤，是事故发生的直接原因。

（2）该公司安全管理不到位，安全管理人员未认真履行现场安全监管责任，安全责任意识差，是事故发生的间接原因之一。

（3）该公司对作业人员安全教育培训不到位，致使作业人员安全意识淡薄，违规作业，对作业场所危险因素辨识不清，是事故的间接原因之二。

事故防范

（1）加强安全监管，特别是要加强对作业现场的安全监管，认真落实安全生产责任制，责任落实到人，正确处理安全与生产的关系，真正做到不安全不生产。

（2）强化职工安全教育培训，提高从业人员专业素质、安全意识，确保从业人员熟练掌握本岗位的安全操作技能和对危险危害因素的辨识，严格遵守规章制度，从本质上提升职工安全意识及安全素质水平。

案例8 高炉冷却系统失效引发的灼烫事故

事故经过

2015年2月13日15：30，某钢铁公司1号高炉正在进行第六次出铁水作业，当铁水流到第二包时，1号高炉西侧炉腰部位炉壳突然爆裂，大量炉料喷出，瞬间烟火弥漫，室内工长张某某发现后立即采取紧急休风处理，关闭1号高炉风、水、电、煤气，并向总调度室报告，厂长石某某第一时间赶到现场，简单了解现场情况后立即向安全副经理李某某报告，并安排炉前工长侯某某核查在岗人数，经清点未发现两名炉前水工（羿某某、王某某），电话也无法接通。此时集团副经理李某某和其他领导赶到现场，询问现场采取的措施后，立即要求对2号高炉也进行紧急休风处理，同时组织人员立即搜寻失踪者。因烟、火太大，公司调度室向 119 打电话请求救援。大火扑灭后搜救组在风口平台通往重力除尘的安全通道上发现了王某某，看到其手扶着安全通道的栏杆，已经昏厥，几名工人将王某某抬下后送往医院抢救，其他人员继续搜寻羿某某。

13 日 19：00，王某某经抢救无效死亡。

14 日 5：00，搜救人员在外泄的炉料堆中发现了羿某某，经确认也已经死亡。

事故分析

（1）事故直接原因：由于炉腰第 6 段 20 号冷却壁的大量漏水，遇到炙热焦炭发生剧烈的化学反应，炉内瞬间产生大量 H_2、CO 及水蒸气，导致炉内压力陡升，造成相邻薄弱处炉壳（2013 年更换第 19 号冷却壁对炉壳进行气割和焊接部位）崩出，导致大量炉料外泄（约 400m³），正在 1 号高炉西侧巡视的炉前水工王某某被热浪击倒在栏杆处，羿某某被外泄炉料掩埋，两人因高温灼烫致死。

（2）事故的间接原因：1）安全生产主体责任落实不到位，虽然 1 号高炉运行各项监测、监控数据和操作曲线均在正常范围，但未充分考虑进入炉役后期和设备老化因素，未组织检修；2）安全防范措施不到位，2013 年更换第 19 号冷却壁时曾对炉壳进行切割焊接，此过程势必影响炉壳原有强度，未采取针对性的防范措施；3）企业存在拼设备现象，虽然高炉运行正常，但应考虑 1 号高炉炉役后期和设备老化等因素，及时调整各项运行参数；4）隐患排查制度落实不到位，未针对 2013 年第 19 号冷却壁漏水问题举一反三，及时对冷却系统进行排查治理；5）冷却水检测手段单一，各种运行记录未及时收集和分析总结。

事故防范

（1）高炉在大修之前生产期间，必须严格履行炼铁厂高炉各项操作规章制度，加强监控、提高监测频率，增加检测手段，尤其要求水工对冷却系统加强监测，冷却壁水温的监测要视炉况增加监测频次，出现异常及时汇报，并采取相应措施；建立"水工—工长—炉长—厂长"四级分析报告制度，加大冷却水强度，发现异常波动立即停产；适当降低冶炼强度，以减小冷却壁的冲刷强度。

（2）安全生产行业标准《炼铁安全规程》（AQ 2002—2004）9.2.10 对停水事故处理作出了如下规定：当冷却水压和风口进水端水压小于正常值时，应减风降压，停止放渣，立即组织出铁，并查明原因；水压继续降低以致有停水危险时，应立即组织休风，并将全部风口用泥堵死；如风口、渣口冒汽，应设法灌水，或外部打水，避免烧干；应及时组织更换被烧坏的设备；关小各进水阀门，通水时由小到大，避免冷却设备急冷或猛然产生大量蒸汽而炸裂；待逐步送水正常，经检查后送风。

（3）安全生产行业标准《炼铁安全规程》（AQ 2002—2004）9.2.17 要求，高炉冷却系统应符合下列规定：高炉各区域的冷却水温度，应根据热负荷进行控制；风口、风口二套、热风阀（含倒流阀）的破损检查，应先倒换工业水，然后进行常规"闭水量"检查；倒换工业水的供水压力，应大于风压 0.05MPa；应按顺序倒换工业水，防止断水；确认风口破损，应尽快减控水或更换；各冷却部位的水温差及水压，应每 2h 至少检查一次，发现异常，应及时处埋，并做好记录；发现炉缸以下温差升高，应加强检查和监测，并采取措施直至休风，防止炉缸烧穿；高炉外壳开裂和冷却器烧坏，应及时处理，必要时可以减风或休风进行处理；高炉冷却器大面积损坏时，应先在外部打水，防止烧穿炉壳，然后酌情减风或休风；应定期清洗冷却器，发现冷却器排水受阻，应及时进行清洗；确认直吹管焊缝开裂，应控制直吹管进出水端球阀，接通工业水管喷淋冷却；炉底水冷管破损检查，应严格按操作程序进行；炉底水冷管（非烧穿原因）破损，应采取特殊方法处理，并全面采取安全措施，防止事故发生；大修前，应组成以生产厂长（或总工程师）为首的炉基鉴定小组对炉基进行全面检查，并做好检查记录；鉴定结果应签字存档；大、中修以后，炉底及炉体部分的热电偶，应在送风前修复、校验；安装冷却件时，应防止冷却水管和钢结构损坏。

案例9 高炉热风管道火灾事故

事故经过

2008 年 2 月 19 日，某钢铁公司炼铁厂 1 号高炉计划检修 14h，检修计划中有"1 号高炉热风炉冷风管道放风阀内部连杆、导向套、阀板加固、电动头螺栓紧固、放风阀进口管道补焊、阀体法兰螺栓紧固和传动机构清洗加油"项目，安排给检修作业区检修一班彭某某施工组，煤气防护站工作人员对放风阀区域进行了煤气检测，并开具了动火许可证。组长彭某某带领本组电焊工史某某通过热风管道人孔先后进入管道内，由同组作业的郭某在平台上将焊把等工具递给史某某和彭某某后，郭某就到放风阀执行机构处进行检修。这时候郭某听见"嗯"的一声，转身一看冷风管道人孔喷出火焰，郭某立即跑过去拿上灭火器进行灭火，见彭某某在人孔口趴着，身上已经着火，郭某将彭某某拽出。同时，在周围检修的其他人员发现着火后迅速爬上检修平台参与灭火。炼铁检修作业区点检组长杨某某接到点检员谢某某电话说放风管道内着火，还烧着人了，立即赶到放风阀处，见火无法扑灭，便去检查氧气截止阀阀门，发现阀门（DN150mm）没有关闭，立即将阀门关闭，并从管道中拽出史某某，经现场医护人员确认，史某某已经死亡。

事故分析

（1）高炉长期休风或鼓风机突然停风时，要立即完成自动和手动各阀门的关闭工作。高炉改常压，与主控室联系停煤，与氧气调度联系停氧并关闭截止阀，放风风压降到正常水平的50%左右。当班班长未严格执行规定，只与氧气调度联系停氧而未安排人员关闭氧气截止阀，造成冷风管道内氧气浓度超标。

（2）对冷风管道放散阀检修前，没有遵守"事先切断气源、堵好盲板，进行空气置换后经检测氧含量在18%范围内，方可进行"和设备检修规程"在炉子、管道、贮气罐、磨机、除尘器或料仓等的内部检修，应严格检测空气的质量是否符合要求……"等规定，没有编制有效的施工安全措施，没有严格执行公司危险区域动火管理程序《危险区域动火管理程序》，没有向动力厂氧气化验室申办氧气危险区域动火申请票，也没有在检修人员进入冷风管道前进行氧气含量检测。

（3）炼铁丁班值班一助薛某，在知道停煤停氧，并没有关闭氧气截止阀记录的情况下，没有及时提醒工长王某某，也没有去现场检查，使隐患没有得到及时发现和处理。

（4）乙班工长朱某，在与检修工程公司施工人员办理停电手续时，认为已经休风正常，没有认真观察氧气流量情况，违反《1号高炉值班室岗位操作规程》："氧气管道动火时，应先切断气源、堵好盲板，并用干燥空气或氮气置换，取样化验合格后，经煤气技师批准方可施工"的规定，未能及时发现氧气截止阀没有关闭，冷风管道积聚大量氧气的问题。

（5）检修工程公司现场施工组织人员和负责人以及施工人员对进入冷风管道内施工存在窒息或火灾危险的认识不够。

事故防范

（1）安全生产行业标准《炼铁安全规程》（AQ 2002—2004）19.1.7 规定：设备检修和更换，必须严格执行各项安全制度和专业安全技术操作规程。检修人员应熟悉相关的图纸、资料及操作工艺。检修前，应对检修人员进行安全教育，介绍现场工作环境和注意事项，做好施工现场安全交底。

（2）安全生产行业标准《炼铁安全规程》（AQ 2002—2004）19.1.8 规定：检修设备时，应预先切断与设备相连的所有电路、风路、氧气管道、煤气管道、氮气管道、蒸汽管道、喷吹煤粉管道及液体管道，并严格执行设备操作牌制度。

（3）安全生产行业标准《炼铁安全规程》（AQ 2002—2004）19.1.17 规定：在炉子、管道、贮气罐、磨机、除尘器或料仓等的内部检修，应严格检测空气的质量是否符合要求，以防煤气中毒和窒息。并应派专人核查进出人数，如果出入人数不相符，应立即查找、核实。

（4）严格执行有限空间安全管理制度，严格检测空气的质量是否符合要求，一氧化碳浓度应在 24μL/L 以下，含氧量（体积分数）应在 19.5% ~ 23% 之间，防止发生煤气中毒、窒息和火灾事故。规程内容落到实处，专人检查负责。

案例 10　铁水浇铸地坑区域煤气聚集导致的中毒事故

事故经过

2013 年 4 月 13 日 20：30，某钢铁公司炼铁厂铁水转运跨作业区铁水浇铸坑模完毕。

4 月 13 日 21：00 ~ 14 日 1：00，整包班刘某等 4 人回待工间休息，1：00 ~ 2：00 再出去作业后回待工间闭门休息，此时砌包班职工蒋某某早已在整包班待工间内躺下休息。

4 月 14 日 5：35，班长蒲某某接到电话通知有 2 人昏迷。

4 月 14 日 5：36，铁水转运作业区值班工长付某某赶到现场发现 1 人昏迷，1 人抽搐，待工间内其余 3 人清醒无明显异常，立即组织 3 人将 2 人抬至室外空旷处做人工呼吸，同时通知120、车间领导、厂调度室值班长、公司保卫处。

4月14日5：59，120到现场对伤者进行救治，伤者刘某恢复意识送医院继续治疗，6：10在事发现场医生宣布蒋某某抢救无效死亡。

事故分析

（1）事故直接原因：炼铁厂铁水转运跨作业区砌包班待工间紧邻铁水浇铸地坑，铁水浇铸大坑区域产生的含有微量一氧化碳的废气侵入砌包班待工间内，由于室内空气不畅通，导致蒋某某死亡、刘某一氧化碳吸入反应。

（2）砌包班当班人员安全意识不足，违反劳动纪律，当含有微量一氧化碳的废气侵入砌包室内，正在睡觉，因此未及时发现，未及时采取撤离等应对措施，是事故发生的间接原因之一。

（3）对铁水浇铸大坑区域可能产生含有微量一氧化碳的废气的危险性认识不足，防护措施针对性不强，是事故发生的间接原因之二。

（4）砌包班待工间设置不合理。此待工间紧邻铁水浇铸地坑，此前也曾因铁水烧灼发生过门窗失火，只是将门窗改换了方向，并未迁移地点，是事故发生的间接原因之三。

（5）对职工的劳动纪律要求不严。待工间内有明显的卧具，对员工在工作时间内睡觉等违章现象未开展经常性的检查、纠正，是事故发生的间接原因之四。

事故防范

（1）对企业内所有区域的待工间操作室、值班室展开地毯式检查，对存在有毒有害气体和在吊运通道下方或热熔金属通道旁的待工间进行拆除、整改等预防性措施，保证涉及煤气区域的所有报警装置均处于正常运行状态，以防止类似事故再次发生。

（2）铁水转运跨作业区浇铸大坑铁的作业时，指派专人进行现场检测和安全监护，根据结果提早采取措施防范，以防止事故的再次发生。

（3）强化劳纪检查，尤其是对夜班的作业情况进行检查，防止因违反劳动纪律而造成其他伤害事故的发生。

案例 11 干渣坑积水导致的爆炸事故

事故经过 ➤➤➤

2013 年 7 月 22 日 19：13，某钢铁公司 2 号高炉出铁后，主渣沟落渣口段堵塞。

21：29，再次出铁时启用备用干渣池，6 名员工去清理主渣沟。

21：36，干渣池突然发生爆炸，现场造成 5 名清理人员因灼烫受伤。

事故分析 ➤➤➤

事故主要原因是干渣池无排水设施，在池底有积水的情况下，当班人员违规向干渣池注水至约 1m 深，熔渣流入干渣池后，产生大量高温蒸汽后发生爆炸，造成 5 人因灼烫受伤。

事故防范 ➤➤➤

（1）严格执行干渣坑中严禁积水的相关要求，熔融金属区域地面不允许积水。

（2）加强企业员工安全教育培训，杜绝"三违"现象。

案例 12 铸铁机翻渣爆炸事故

事故经过 ➤➤➤

2005 年 7 月 31 日 10：00，在某钢铁公司铸铁机工作现场，由于高炉急需用包，而铁水包中的残渣过多，需要翻渣，翻渣前，工作人员对翻渣地点进行确认，认为当时翻渣地点干燥，没有积水。在翻渣人员正常工作时，残渣接触到了翻渣地点的底部积水，产生爆炸。

事故发生后，铸铁机当班人员及时组织人员撤离现场并通知总调度长陈某，要求派车，把受伤的铸铁机天车工盛某和作业长曲某送往医院救护，盛某双手表皮、脖子烫伤，作业长曲某右耳溅入残渣，造成右耳鼓膜穿孔，化脓性中耳炎。

事故分析

（1）没有进行安全确认。炼铁厂铸铁机操作人员在翻渣前对翻渣地点没有确认，认为在铁路路基铺的石子底下没有积水，进行翻渣操作，造成爆炸事故。

（2）现场没有达到安全生产的要求。由于场地地下水丰富，工程排水设施不完善。在翻渣时，由于铁包里有铁水，铁水在遇水后，形成水蒸气爆炸。

事故防范

（1）炼铁厂职工在进行操作时，必须按照安全确认制的规定，进行安全确认。

（2）在翻渣时，应采取用渣盘或从铁水包中把残渣吊出铁水包的清理方法，防止类似事故的发生。

案例13　炉内塌料造成的灼烫事故

事故经过

2009年7月6日6：16，某钢铁公司炼铁厂由于网电突然消失，导致3号高炉14根吹管、4根弯头灌渣，炼铁厂马上组织人员紧急更换吹管和弯头，将被灌吹管和弯头换下，将风口小套工作面处理干净后，用炮泥将风口逐个封住，然后依次更换，为加快更换进度，7：30炼铁厂组织1号、2号炉炉前工到3号炉支援。

8：30，只剩1号、2号、3号、15号、16号未处理完，此时，突然炉内发生塌料，从风口大量喷出火焰和红料，因工作区域正对铁口，空间狭窄，且本次塌料喷火喷料时间长（约2min），虽及时躲开身体正面（趴在风口下平台上，匍匐撤离），终因空间狭小，喷火喷料时间长导致正在更换2号、15号吹管的6名人员后背、头部侧面不同程度烧伤，4人住院治疗。

事故分析

（1）突然停电造成高炉灌渣是事故发生的直接原因。

（2）高炉突然停风，炉况没有时间控制调节，炉内突然无预兆塌料，是事故发生的主要原因。

（3）对突发事故缺乏预见性，安全措施不到位，工作空间狭小，工作人员不能迅速撤离，是造成此次事故中多人受伤的另一原因。

事故防范

（1）对《突然停电事故应急预案》进行完善，完善更换进风装置安全方案，组织炉前员工学习培训和演练，有效提高员工应急处理能力。

（2）制作风口遮挡装置，在更换一个风口进风装置时，相邻两个风口进行可靠遮挡。

（3）处理类似突发事故时，合理分工避免人员过多，每组设专人进行安全监护。

案例 14　富氧减压阀爆炸事故

事故经过

2007 年 6 月 8 日中班，炼铁厂 3 号高炉经检修作业后，19：58 加全风，开始富氧，打开氧气流量调节阀 30%。

20：01，由于氧气压力显著下降，立即关闭氧气流量调节阀，停止富氧。

20：11，氧气压力显示为 445kPa，具备富氧条件，于是再次打开氧气流量调节阀，流量显示为 325m³/h。又发现氧气压力迅速下降至 236kPa，闫某立即关闭氧气调节阀。点检员郝某认为是减压阀有问题，于是主操作工闫某便找当班钳工乔某去现场检查。

20：38，乔某去现场检查，并由作业长佟某监护。

20：48，氧气压力上升至 666kPa 时再次打开氧气调节阀，流量加到 303 m³/h后，氧气压力急剧下降，立即关闭流量调节阀，未再打开。

20：53，压力突然降至0，同时听到有异常声响。随后炉前工张某发现佟某光身走上炉台，佟某说："快叫救护车，送我到医院，维修工在现场，赶紧救护"。经确认是富氧减压阀爆炸，于是立即将氧气管道阀门关闭，并组织抢救受伤人员。

事故分析

（1）氧气减压阀出厂时脱脂处理不完全造成减压阀内部有油污、杂质，发生燃烧、爆炸是事故发生的直接原因。

（2）点检和检修人员在更换新阀前对阀门本身安全性确认不详细，是事故发生的间接原因。

事故防范

（1）物资采购过程中，必须对所采购物资的安全性负责。特别对易燃易爆物品，应加强跟踪，多深入实际了解使用情况，以便及时沟通，及时发现和解决问题。

（2）氧气等易燃易爆介质所使用的各种阀门在安装前必须进行解体脱脂处理。

（3）制定完善各种能源介质使用、检修、维护等专业管理制度和检修程序、方案及安全措施。

案例15　独自巡检皮带滑倒卷入皮带底部死亡事故

事故经过

2012年1月3日7：30，某钢铁公司3号高炉车间工长汪某召开班前会，布置当班重点工作，强调上料清筛危险源，上料岗位职工（共计8人，刘某、闫某、周某、花某、李某、秦某、王某和吴某）在接班后，各自到各自岗位交接班，上午3号高炉槽下振动筛平台更换振动筛，上料工花某、王某、李某协助维修作业，组长闫某独自到各岗位巡查、巡检。

11：00，上料班长刘某用对讲机询问闫某在哪儿，闫某回复说："在炉顶"。

12：20，上料职工周某未见闫某回来吃饭，并询问其他人员，都未见到组长闫某时，通知班长刘某，王某和花某一起上炉顶寻找。

12:30，在炉顶上料主皮带机头 10m 下托辊处发现闫某，马上用对讲机通知工长、车间主任、岗位人员联系施救，厂调度王某联系救护车并向总调汇报，高炉现场人员将人员救出抬上救护车送往医院抢救，因伤情严重经抢救无效死亡。

事故分析

（1）当事人闫某在对上料主皮带（宽度 1600mm）进行设备运行巡检时，行走至距离机头 10m 左右处，由于皮带通廊花纹板有积灰，滑倒跌入皮带下托辊处，将左后背绞伤，是事故发生的直接原因。

（2）当事人闫某在人员紧张的情况下，独自进行设备巡检时被绞伤未及时发现、抢救，是事故发生的主要原因。

（3）当事人闫某对主皮带安全紧急拉绳未采取紧急停机措施，是事故发生的又一主要原因。

（4）当班组长闫某未遵守安全操作规程中"上炉顶必须两人以上作业"的规定，独自上炉顶巡查设备发生事故。

（5）3 号高炉车间对职工的安全教育培训、管理不到位，负有管理责任。

事故防范

（1）严格落实上炉顶安全管理规定，禁止独自一人上炉顶点检、作业、巡查。

（2）加强安全监管力度，班前班后会重点强调作业安全注意事项，确保职工作业安全。

（3）强化安全培训及教育力度，提高员工的自我保护、自我防范意识。

（4）开展反违章、反违规活动，学习规章制度，使每一位员工养成遵章守制的好习惯，杜绝事故的发生。

案例 16　独自查看检修设备掉入高炉内事故

事故经过

2008 年 1 月 3 日 4:00，某钢铁公司高炉计划休风检修，前日提前召开检修项目会，落实检修项目负责人，张某负责跟踪炉顶检修项目完成情况。

5：00，检修开始。

9：20，该高炉车间上料班长张某、组员张某在炉顶配合维修处理高炉一次均压管道插板阀及更换上密硅胶圈。

13：00，上密硅胶圈更换完毕，上料班长张某通知维修人员封上密人孔。

13：30，车间主任王某打电话给张某说调试比例阀，张某从上密阀下来，到炉顶 39m 平台与王某汇合后，王某让张某通知电工、仪表工到 39m 平台，在等人的过程中张某到下密平台检查确认，检查后到 39m 平台，这时杨某（电工）上到 39m 平台后看到张某、王某在探尺楼梯后（液压站门口西侧）站着，张某说："杨某你看看比例阀是否得电"，杨某进入液压站内检查比例阀电磁线圈是否得电，检查发现电磁阀线圈能得电，张某、王某到液压站内，三人在看比例阀，而换向阀（料流阀）还是打不开，这时维修人员需要开高炉一次均压管道盲板阀，下密阀未关，一次均压管道盲板阀打不开，张某就通知主控室肖某关下密阀，开关均压盲板阀。

13：40，仪表工侯某、宋某、何某三人拆开气密箱水槽液位计，张某在下密平台检查确认过程中看到某车间仪表工侯某、宋某、何某三人在检查炉顶气密箱水槽液位计。

13：45，上料班长张某对他们说："一会调试比例阀你们离人孔远点"，然后用对讲机通知上料主控室肖某将下密阀打开，下密阀动作后张某从平台上下去了，仪表工侯某发现液位计电路板进水损坏，就从北侧楼梯去 39m 平台停 24V 电源（走到布料器齿轮箱处碰到设备科党某），宋某监护何某操作装水槽液位计，此时上来一个人（后来确认是张某），他将上身从下密阀东侧人孔探入观察，约 20s 后下密阀突然动作，就听见事故人叫了一声，宋某就看到事故人大部分已卷入下密阀内，只剩下小腿，宋某就喊："停停停！"，这时人已经不见了，高炉上料班长张某听到喊声说炉内掉人了，用对讲机通知主控工肖某马上停设备，打电话确认现场作业人数，未发现少人，某车间主任王某追问仪表工宋某是否确认高炉炉内掉人了，宋某说是，王某马上调集人员开炉顶人孔大盖实施救援，并通知领导。维修人员打开炉顶人孔大盖将人救上来确认张某死亡。

事故分析

（1）张某（事故人）在未告知任何人去向的情况下，独自一人到高炉炉顶查看设备检修完成情况，在无法确认设备是否运行的情况下将身体探入下密阀箱内观察，下密阀动作将其带入阀箱内，坠入高炉炉内发生工亡是事故发生的直接原因。

（2）该高炉车间副主任张某（事故人）属车间管理人员，在查看设备检修情况前，未向现场检修跟踪人员确定现场实际情况，在未通知相关岗位人员的前提下独自检查设备，发生工亡是事故发生的间接原因。

（3）该高炉车间在人员严重缺员的情况下计划检修，上料工序班长张某在设备检修、调试过程中对现场检查确认后离开，未指派现场监护人员，张某在无法确定现场是否有人的情况下通知上料主控操作工操作设备是事故发生的主要原因。

（4）检修现场安全管理不到位，人员短缺未指派现场监护人员，未严格执行摘挂牌制度及确认制度。

事故防范

（1）设备检修过程中所有打开的人孔应设立明显的警示标示，调试设备必须设立现场监护人员，调试设备期间禁止任何人靠近调试的设备。

（2）厂级、车间级领导进入现场，必须告知所属区域岗位人员，在无岗位人员陪同的情况下远离设备及旋转部位。

（3）检修期间多工种交叉作业，作业现场制定总负责人、总指挥，调试设备应征得负责人或总指挥的同意，并指定调试设备现场监护人员或警戒人员，确认无误后才可调试。

（4）厂级、车间级、职工全员应加强对危险源点的学习，增强危险源预见性学习，增强自我保护防范意识，对无法确定设备是否运转的情况下，应远离该设备。

案例 17　站位不当跌落铁沟造成的灼烫事故

事故经过

2009 年 11 月 19 日 10：30，某钢铁公司 1 号高炉，由于当时开铁口时间比较紧，2 号铁口堵口后马上就开 3 号铁口，当时 3 号铁口主沟两侧用黄沙堆积约 30mm 的沙坝，用于防止炉渣外溢，沙坝上面因铁口喷溅覆盖着部分渣铁，炉前大班长刘某、炉前班长孙某、炉前组长李某及焦某准备开 3 号铁口。

11：05，3 号铁口开口，焦某操作开口机，当开口机钻杆钻至 2500mm 左右时，钻杆突然断掉，断点为钻杆前部螺纹中心处（钻杆与钻眼机连接套连接的钻杆螺纹中间部分），断裂的钻杆还留有一部分螺纹可以与连接套连接上，炉前组长李某迅速拿起钎子，打算用钎子翘起钻杆再与开口机上的钻杆连接套连接时，一不小心踩滑致使右腿滑入铁沟内，烧坏劳保靴引燃衣物，以致烫伤，炉前大班长刘某及其他人员马上将其从铁沟里拉出来，将裤子的火扑灭，并送医院救治。

事故分析

（1）炉前组长李某（事故人）作业过程中未遵守工艺技术规程中"开铁口过程中，当深度接近而开口机出现故障、钻杆粘住、钻头掉入铁口内未能拔出等情况，可用氧气烧开"的规定，开口机钻杆连接螺纹断掉不能保证正常的使用，在开口过程中钻杆脱套或螺纹处断掉，恢复操作应在保证安全的前提下进行，如无法保证必须用氧气烧开铁口，而李某对现场情况认知不足，在无法保证自身安全的前提下恢复钻杆连接，而未采用氧气烧铁口操作，是事故发生的主要原因。

（2）3 号铁口铁水主沟两侧堆积着约 30mm 的沙坝，沙坝上覆盖着部分渣铁，李某在作业过程中有些慌乱（迅速拿起钎子，打算用钎子翘起钻杆再与开口机上的钻杆连接套连接时），不小心踩滑，致使右腿滑入主沟烫伤，是事故发生的主要原因。

（3）李某在作业过程中比较匆忙，右脚所踩位置太靠近铁水沟内沿，致使作业中右脚踩滑，李某在进行作业前未进行安全确认，作业过程中太过匆忙，对喷溅的渣铁认知不足，发生事故。

（4）高炉车间日常对班组长管理培训不到位，对以往出现的事故教训未认真传达，未根据岗位对班组长进行有针对性的教育培训。

事故防范

（1）加强铁口区域作业现场管理，及时清理铁口喷溅粘接在主沟两侧的渣铁，对铁水沟进行标示，划定作业分界线禁止跨域。

（2）对使用的设备、工具进行检查，对有质量问题的工具禁止使用，出现钻杆断裂情况时应用氧气烧断钻杆，禁止用钎子恢复连接套。

（3）作业过程中作业人员应严格遵守工艺技术操作规程，对作业现场站位要确认好，禁止太靠近铁水沟内沿，对作业区域的渣铁要及时清理。

（4）作业过程中要先确认，不能盲目、慌乱地进行作业，作业过程中要沉着冷静，对可能出现的危险因素提前预防。

（5）高炉车间要引起高度重视，加强班组长现场安全确认教育，对可能出现的问题提前做好防范措施，规范炉前作业程序，细化技术作业项目及安全措施规范化管理。

案例 18　泥炮突然喷泥伤人事故

事故经过

2007 年 9 月 2 日 9：20，某钢铁公司 3 号高炉 2 号铁口正常出铁。

9：35，该高炉炉前大班长周某在 2 号铁口出铁过程中进行日常的作业，周某在 2 号铁口除尘管道东侧作业完毕后，去看完 2 号铁口的泥套后，走至除尘管道阀门处时正在烘烤的泥炮内的炮泥突然从泥炮炮膛内高速喷射出来，夹杂着高温黑烟泥，周某虽然距离炮嘴足有 10m 远，但因毫无防备躲闪不及，整个人被高速喷溅的烟气泥完全吞没，造成左手部及左侧面部不同程度烫伤，岗位工人立即进行紧急救治，救护车到位后将人员送往当地医院治疗。

事故分析

（1）2 号泥炮在烘烤时烘烤温度过高造成炮膛内炮泥膨胀及炮泥内挥发性气体聚集在炮膛内，随温度升高炮膛内压力升高致使炮泥发生喷溅，烫伤周某是事故发生的直接原因之一。

（2）该高炉炉前班长周某在查看完 2 号铁口泥套后，沿铁水沟东侧行走，在经过烘烤的泥炮口时被喷溅的炮泥烧伤，是事故发生的直接原因之二。

（3）该高炉 2 号铁口使用的炮泥是新厂家供货，新炮泥烘烤过程中吐泥较多，周某对炮泥这一特性认知不足，是事故发生的间接原因。

事故防范

（1）在铁沟外侧增加挡板，使铁沟与人行道隔离，泥炮炮口正前方应严禁站人，行人必须远离。

（2）在泥炮烘烤过程中，禁止从泥炮口正前方通过、穿行。

（3）对炮泥烘烤中发生喷溅要及时汇报、与炮泥厂家取得联系，确定炮泥成分及技术性能，对使用中出现的状况，及时通知各班人员。

（4）加强员工安全教育，对出现的紧急情况应采取相应的应急措施。

案例19　铁口区域煤气泄漏导致人员中毒事故

事故经过

2011年7月27日20：00，某钢铁公司高炉车间3号铁口开口出铁，铁口打开出铁半小时后，准备投用2号铁口，炉前班长杨某组织炉前其他人员上2号铁口区域清理铁口，因高炉检修刚复风，高炉炉况不稳定，丙班组长徐某在泥炮操作室内操作开口机，刘某和李某两人在铁口处清理铁口眼，2号铁口准备出铁开口工作。

3号铁口出铁过程中，铁口喷溅有大量黄烟冒出，当时炉前风向不好，从3号铁口冒出的烟尘携带煤气飘向2号铁口。

21：00，炉前工刘某在2号铁口找正铁口中心眼时，由于停留在铁口区域时间过长，铁口煤气漏点没有点燃，刘某在找铁口中心眼过程中觉得不对劲，头晕，立刻往外走，当班组长徐某在泥炮操作室内看到刘某形色不对有煤气中毒迹象，就赶快跑出泥炮操作室上去扶住刘某，将刘某扶到通风的地方，解开衣扣并对其进行吸氧，同时通知工长拨打公司救援站电话叫救护车，救护车到后送往医院。

事故分析

（1）2号铁口处煤气泄漏点泄漏的煤气没有点燃，刘某在找正2号铁口中心眼时紧靠铁口且在铁口区域停留时间过长，是煤气中毒事故发生的直接原因。

（2）3号铁口出铁过程中有大量煤气漏出，2号铁口事故期间处于3号铁口下风向，造成煤气在2号铁口区域聚集，且天气闷热炉前通风不畅造成人员中毒，是事故发生的主要原因。

（3）在3号铁口出铁过程中炉前组织清理2号铁口，事发时2号铁口处于3号铁口下风向，作业前未对现场进行强制通风，是事故发生的又一主要原因。

（4）炉前工刘某安全意识淡薄，作业前未对现场进行安全确认，在铁口泄漏煤气没有点燃的情况下，刘某未采取安全措施冒险作业，是事故发生的次要原因。

事故防范

（1）铁口应及时处理，处理铁口前应将煤气点火燃烧，防止煤气中毒。

（2）铁口区域作业应注意风向，禁止在出铁过程中站在下风向作业，事故情况下作业应采取强制通风，并定期检测一氧化碳含量，严格参照作业区域煤气含量与作业时间表，确定作业时间。

（3）铁口区域作业应增加轴流风机进行强制通风，增加空气流通。

（4）作业前应进行确认，对铁口区域泄漏的煤气是否点燃进行确认；作业前应对作业区域的风向进行确认，下风向作业应采取强制通风。

（5）加强员工教育，对作业现场进行反"三违"检查，对作业过程中出现的"三违"现象应及时制止。

案例20 防护器材佩戴不正确导致的煤气中毒事故

事故经过

2012年7月4日，炼铁厂维修车间维修工张某、马某二人在封堵2号高炉本体第十一段冷却壁渗漏煤气过程中，出现轻度煤气中毒事故。

9：45，某高炉车间配管岗位对高炉炉喉区域钢砖进行控水作业，在控水过程中当班配管工安某、刘某佩戴便携式煤气报警仪对高炉本体进行巡查，在巡查过程中听到有异响，立即对冷却壁进行排查，当排查到高炉本体第十一段冷却壁时，发现冷却壁水管与保护套之间有渗漏煤气的地方，于是两人向当班副工长高某报告，当班副工长高某安排配管工安某直接找维修工。

10：00，安某到炉前维修点找到维修工并告知当班副班长张某高炉本体第十一段冷却壁处渗漏煤气，并一同到现场进行确认后，由维修工去准备工具，由配管工去准备空气呼吸器。

11：45，在未通知安全科和煤气防护站人员到场监护的情况下，当班维修副班长张某、维修工马某戴上空气呼吸器进行煤气堵漏维修作业，某高炉车间配管工安某、刘某现场监护，在张某维修一段时间后换马某维修。

12：30，就在快干完的时候，马某突然从工作的地方出来，到炉前天车轨道南侧平台上，对维修副班长张某说我有点头蒙后，张某询问马某难受不难受，马某说没事，刚说完就突然倒下，配管工和张某立即将马某抬到高炉平台上，并拨打了公司救援站急救电话，在施救过程中张某也出现煤气中毒症状，随即将马某、张某送往医院进行急救。

事故分析

（1）维修工马某、张某在封堵某高炉冷却壁渗漏煤气时，由于现场煤气浓度较高，空气呼吸器面罩佩戴不严密是事故发生的直接原因。

（2）作业前现场配管工及维修工之间未对空气呼吸器面罩严密性进行检查，是事故发生的间接原因之一。

（3）违反了煤气防护知识管理手册中带煤气作业应具备的相关要求，带煤气封堵作业岗位人员、维修人员未通知安全科、煤气防护站现场监护，使检修出现漏洞是事故发生的间接原因之二。

（4）维修人员对煤气的危害认知不足，长期从事煤气区域作业出现侥幸、麻痹思想，员工安全意识淡薄，是事故发生的间接原因之三。

事故防范

（1）严格遵守煤气设备设施检修作业的相关要求，落实检维修安全措施和作业方案。

（2）带煤气作业必须通知安全科和公司煤气防护站人员现场监护，采取切实可行的安全措施后，再进行检修作业。

（3）加强涉煤气岗位人员对空气呼吸器佩戴的集中培训，培养员工规范使用防护器材。

案例 21 监控设施缺失造成的炉缸烧穿事故

事故经过

2014 年 11 月 9 日，某钢铁公司 2 号高炉生产正常，到事故发生前已经分别用南北出铁口轮流出铁 12 次。其中本班 19：50 ~ 20：30 之间用北铁口出铁 201t。

21：10，轮换南出铁口出当班第三次铁。

21：35，大约出铁 140t 时，风压突然由正常的 315kPa 升高至 337kPa，高炉工长赵某某当时判断炉况可能难行，立即通知风机房减压，同时停煤、停氧，在减风过程中听到炉台处有漏风声音，风压减至 150kPa 时，在外巡检的副工长郭某某跑进主控室报告北出铁场炉缸烧穿。

21：40，工长赵某某立即紧急休风，并报告调度室、炉长，报告完毕后组织当班人员全部撤离现场。

后经查看，流出渣铁 7t 左右，烧穿部位在 12 号风口方向、铁口下 1m 位置。该部位正处在炉台混凝土结构上、下面间，与炉皮间隙比较狭小、隐秘，日常检查也难以观察。割开炉皮去掉冷却壁看到的渗铁部位，在炉底 6、7 层砖之间。

事故分析

（1）炉缸区域，特别是铁口水平线以下测温及监控不到位是形成事故的直接原因。

（2）因设计冷却壁冷却用水一窜到顶，导致对炉缸冷却壁热流强度无法准确判断控制是事故形成的潜在原因。

（3）两次中修时快速凉炉采用打水及第二次中修前冷却壁长期漏水入炉使炭砖脆化气化，加之开炉后铁口长期不能达到要求深度，加剧了铁水对炭砖的环流侵蚀，导致炉缸环流侵蚀超出常规。

（4）多个专家均反映炉缸所用耐火材料质量可能不好，同一厂家生产的耐火材料在国内其他高炉不同程度出现过炉缸局部侵蚀情况。

事故防范

（1）与设计院共同制定炉缸测温热电偶排布方案。

（2）完善炉缸炉皮无线测温方案。

（3）加装炉缸每块冷却壁水温差自动测量装置。

（4）加强有害元素检测（特别是 Pb、Zn、K、Na），严格执行厂控标准。

（5）定期采用钒铁矿护炉，做好上下部调剂。

案例 22　助燃风机断电造成的煤气外泄中毒事故

事故经过

2015 年 3 月 19 日 4：30，某钢铁公司炼铁厂进行 2 号高炉热风炉点火作业。

5：00，用氮气对 2 号热风炉煤气管道进行吹扫，至 7：00 吹扫基本完成，具备引煤气条件。

7：10，引煤气作业完毕，煤防员对管道中的煤气进行点火前的爆发试验，经 3 次试验合格。

8：00，开始点火，点火后，程某在 2 号热风炉窥视孔观察火焰情况，随时调节空燃比。

9：40，2 号热风炉升温过程中，其助燃风机低压操作开关跳闸，致使助燃风机断电停机，热风炉熄火。程某发现后进行多次点火，但都未点着。未燃烧的煤气涌入助燃风管道从风机入风口处泄漏，并扩散至 2 号热风炉区域，致使正在 2 号热风炉与 3 号热风炉之间区域进行回收废旧耐火砖作业的 3 名临时雇佣人员和正在此区域进行巡检的电工中毒晕倒。

事故分析

（1）高炉热风炉助燃风机低压操作开关跳闸，导致助燃风机断电停机，热风炉熄火，未燃烧的煤气涌入助燃风管道从风机入风口处泄漏，并扩散至 2 号热风炉区域，这是事故发生的直接原因。

（2）高炉热风炉煤气管道上安装有低压报警装置和快切阀，但未与助燃风机设置联锁保护，在 2 号高炉热风炉助燃风机突然停机时，不能自动切断煤气，违反了安全生产行业标准《炼铁安全规程》(AQ 2002—2004) 12.1.6 "煤气支管应有煤气自动切断阀，当燃烧器风机停止运转，或助燃空气切断阀关闭，或煤气压力过低时，该切断阀应能自动切断煤气，并发出警报" 的规定。

（3）热风炉点火作业时，现场警戒不到位，以致回收废旧耐火砖作业的 3 名临时雇佣人员和正在此区域进行巡检的电工在热风炉点火期间进入热风炉区域作业。

（4）热风炉工艺技术规程不规范、点火方案不完善、无相关电气图纸、无助燃风机开停机记录、无检修工程验收记录。

（5）该公司签订了《安全管理协议》，但《安全管理协议》中无相应的安全措施，且未落实职能部门安全生产责任，未与炼铁厂搞好沟通协调，也未安排专人对人员作业进行监护，导致回收废旧耐火砖人员在不知情的情况下进入危险区域，并最终因煤气中毒死亡。

事故防范

（1）加强设备管理方面的隐患排查，采取可靠措施消除煤气管道上快切阀未与助燃风机设置联锁保护的隐患，有效防范类似事故再次发生。

（2）加强对作业现场的安全管理，从事危险作业尤其是涉煤气作业时，现场必须警戒到位，严禁无关人员进入现场。

（3）建立健全并严格落实各项安全生产规章制度、操作规程和工艺技术规程，尤其在进行检修作业时，必须严格按照安全生产行业标准《炼铁安全规程》(AQ 2002—2004) 9.2.4 "应组成生产厂长（总工程师）为首的领导小组，负责指挥开、停炉，并负责制定开停炉方案、工作细则和安全技术措施" 的规定执行。

（4）加强对外委单位的安全管理，严格外委单位资质审查，签订安全管理协议，建立外来人员台账和教育培训记录，进行入厂安全教育和安全交底，并要安排专人对外委单位人员作业进行监护。

第四章 炼钢安全事故

LIANGANG ANQUAN SHIGU

案例 1　违反安全操作规程导致的灼烫事故

事故经过

2013 年 4 月 11 日 7：30，某钢铁公司炼钢厂连铸车间连铸机组甲班班长刘某某组织召开班前会，安排布置本班工作，二号连铸机要停流减产，中包工窦某某负责用堵眼锥堵住二流机上水口铸孔，窦某某违章进入二冷室清理粘钢。

14：30，刘某某安排杨某某到二号连铸机组处理二流生产线（二冷室上层）滑板内的夹钢，杨某某到达工作现场后，由于二流生产线滑板内下方支撑上水口的扇形板有夹钢摆不动，杨某某就取下扇形板的扳手，用扳手敲击扇形板，敲击时用力过大，造成扇形板完全脱离上水口，导致与中包连接在一起的上水口失去支撑而坠落，中包内的钢水突然间泄流而出，流出的钢水经过结晶器流到下层的二冷室内。看到此种情况后，杨某某及现场作业人员立即进行避险。现场人员立即启动现场应急救险，将盛装钢水的钢水包吊装至地面上。事故发生后，救援人员立即赶赴二冷室平台，当刘某某到达二冷室平台时发现窦某某躺在二冷室过道外侧，该公司立即安排车辆将窦某某送往医院进行救治。

4 月 12 日 7：00，窦某某经抢救无效后死亡。

事故分析

（1）此次事故的直接原因：杨某某违章作业，用扳手敲击扇形板，且敲击时用力过大。

（2）此次事故的间接原因：

1）安全管理不到位，管理人员安全意识不足，对窦某某违章进入二冷室和杨某某违规用扳手敲击扇形板行为未及时发现和有效制止。

2）安全教育培训不到位，导致从业人员安全意识淡薄，对作业环境存在的危险因素认识不足。

事故防范

（1）安全生产行业标准《炼钢安全规程》（AQ 2001—2004）12.3.14 规定：

浇铸时二次冷却区不应有人，大包回转台（旋转台）回转过程中，旋转区域内不应有人。

（2）安全生产行业标准《炼钢安全规程》（AQ 2001—2004）12.3.8 规定：连铸主平台以下各层，不应设置油罐、气瓶等易燃、易爆品仓库或存放点，连铸平台上漏钢事故波及的区域不应有水与潮湿物品。

（3）《连铸操作工安全操作规程》要求：浇铸中发生漏钢事故，应立即关闭该铸流，禁止在拉浇过程中进入二冷室处理事故，待拉浇结束后方可进行处理。拉浇中，发生穿包或严重失控时，必须采取有效措施，立即关闭所有塞棒，停止浇注，开走中包车，并通知人员撤离，防止烫伤。

（4）加强对从业人员的安全教育培训，要特别强化重点岗位和特种作业人员的教育培训，严格执行安全操作规程，杜绝"三违"现象发生。特种作业人员必须持证上岗，从本质上提升从业人员的能力。

（5）加强设备维修管理工作，在设备维修过程中，要加强协调与沟通，作业人员要结成互保对子，切实加强作业过程中的相互保护和自我保护意识。

案例 2　未对作业环境确认造成的车辆伤害事故

事故经过

2015 年 4 月 9 日，因准备复工生产，某钢铁公司采购了一车萤石，共计 38.7t，经质量管理部检验，萤石粒度过大，不符合验收合格的标准。经协调，营销部要求供货单位找人在厂区内进行破碎加工处理，供货单位请求协调一辆铲车帮忙将堆放的萤石摊开，以便于工人破碎加工。

4 月 10 日 7：30，供货单位以每人每天 200 元的报酬在当地找了村民张某某和代某某一起加工萤石。

8：00，张某某和代某某来到了该公司物料储存区的萤石堆旁，物流部司机孟某某驾驶铲车把堆放的萤石摊开后，将铲车开到萤石的西侧，车头朝东停放，下车休息。

8：30，铲车司机孟某某上车开动铲车向东行驶，准备回物流部，行驶过程中将正在进行破碎操作的张某某撞倒，铲车前、后轮先后从张某某的右半身轧了过去。代某某见状，喊停铲车并将张某某送往医院，张某某经抢救无效死亡。

事故分析

（1）铲车司机孟某某违反了该公司《装载机司机安全操作规程》的要求，未对现场作业环境进行有效确认，驾驶铲车将正在进行破碎加工作业的张某某碾轧致死，是事故发生的直接原因。

（2）该公司未能有效教育和督促从业人员严格遵守本单位的安全操作规程是事故发生的间接原因之一。

（3）该公司未对进场作业的外来务工人员进行必要的安全教育是事故发生的间接原因之二。

事故防范

（1）加强员工的安全教育培训工作，全面提高从业人员的专业能力和知识水平，切实增强作业人员安全素质和安全意识。加强对外协单位人员的管控力度，加强外协单位工作人员的安全教育，定期进行安全检查，完善安全生产管控体系。

（2）厂内安全行驶速度为5km/h时，进入生产车间区域必须低速行驶。当搬运货物遮挡驾驶员视线时，必须设监护人。转弯时减速慢行，如附近有人或车辆，应先发出行驶信号。车辆禁止超载，禁止用货斗举升人员从事高处作业。

案例3　违反安全操作规程造成的起重伤害事故

事故经过

2014年9月11日14：00，某钢铁公司机修车间工段长李某某安排天车维修电工班班长吕某某到炼钢厂房转炉主跨下方即天车上下安全通道平台处安装电动葫芦配电箱，该电动葫芦主要用于维修天车。

15：10，班长吕某某带领天车维修电工常某某一起到天车上下安全通道平台准备安装作业。由于接线的电源箱位于主体钢结构梁（主跨）下方，从天车上下安全通道平台到主跨还有2m多高的垂直爬梯，吕某某让常某某在安全通道平台上等候，他自己先到主体钢结构梁主跨上查看安装位置，违章跨越栏杆至天车运行区域。与此同时，负责电器安装的樊某某（炼钢电工班组长）指挥天车吊装配电盘，其示意天车工后，即回去准备吊装作业；接到地面指挥命令后，天车工陈某某开天车从车间东部到车间西部准备作业，当天车行至钢梁主跨附近，陈某某感觉到天车运行受阻（死者被天车端梁与横梁立柱挤压），立刻打返车至大约 2m 处，通过天车操作室至天车顶部大梁专用通道，登上天车大梁查看，发现吕某某悬挂在天车滑线上，送医院经抢救无效后死亡。

事故分析

（1）事故的直接原因是吕某某违反公司规定，违反安全操作规程，在未与天车工及任何人沟通协调的情况下，擅自跨越封闭栏杆至天车运行区域，被运行中的天车与横梁立柱挤压致死。

（2）事故的间接原因包括：1）安全警示标志缺失。钢梁主跨附近区域虽安装封闭栏杆，但未悬挂禁止跨越、危险源等警示标志。2）班组安全培训落实不到位。班组长既是生产安全的实施者，又是安全生产管理的监督者，这次事故死者是班组长，自身防范意识不足、违章操作，造成事故发生。

事故防范

（1）建立健全设备检修挂牌制度，严格执行"必须挂牌"原则、"谁挂谁取"原则和"安全确认"原则。

（2）起重工作业前应对作业现场、安全装置、控制机构等进行检查，并进行试运转。起重机司机必须听从现场指挥人员指挥，当指挥信号不明时，不准作业，司机应发出"重复"信号询问，明确指挥意图后，方可开车。在操作过程中发现起重机有异常现象时，应停车检查，在未排除故障前，不准操作。

案例4　补炉操作不当喷渣造成的死亡事故

事故经过

2007 年 5 月 22 日中班，某转炉炼钢厂 1 号转炉计划当班利用连铸机换中包时间组织补炉。

17：38，1 号转炉出完当班第三炉钢后，炉长周某协助唐某准备补炉料。

17：50，唐某指挥天车将 1t 补炉料倒入炉内，炉长周某将转炉前后摇动 5min 左右，用氧管对炉内吹氧加速补炉料烧结。

18：30，1 号转炉恢复生产，开始加废料兑铁水吹氧冶炼。

18：50，1 号转炉组织出钢，周某在炉后摇炉房操作摇炉，炉前工吴某在炉后挡火门南侧用铁锹铲渣土压炉渣。

18：52，炉内发生喷溅，大量的火焰和液态钢渣从挡火门间隙涌出将吴某烧伤，事故发生后当班人员立即将伤者送往医院进行抢救和治疗，经诊断：吴某颜面、颈部、躯干、四肢等烧伤面积为 80％，5 月 24 日因并发症导致呼吸功能衰竭，抢救无效死亡。

事故分析

（1）该公司《炼钢厂氧气顶吹转炉工艺技术操作规程》规定：严格贯彻高温、快补、准确、严实的原则进行补炉，烧结时间应大于 45min，确保补炉质量。1 号转炉从 17：50 加入补炉料，到 18：30 兑铁开始冶炼，补炉料烧结时间只有 35min，补炉料烧结时间未达到工艺技术操作规程的要求，并且补炉料在炉内未平铺，存在堆积现象，导致补炉料未烧结烧透，在出钢时补炉料翻起，补炉料中的含碳充填料与终点高氧化性的钢液发生剧烈反应，引起炉内喷溅。补炉作业违反了工艺技术操作规程，是事故发生的直接原因。

（2）出钢时，炉长周某摇炉，看到吴某在炉口压渣操作但没有提醒其避让，同时吴某自身没有意识到转炉可能发生喷溅的危险性，站位不当造成伤害。周某及吴某未严格执行《炼钢工段补、护炉及更换出钢口芯管路规定》中有关"倒炉停稳 1min 后，炉内无异常情况方可测温取样，严禁有人在炉口前面停留，出钢时炉口正面不准站人"的安全注意事项，违反了《炉长安全作业标准》第七条"倒炉时待炉体稳定，钢水平稳后方可指挥下步操作，特别是补炉后的第一炉钢倒炉时要提醒他人避让"的规定，是事故发生的间接原因之一。

（3）转炉炉后挡火门与挡板、平台之间间隙过大，不能有效阻止火焰和钢渣向外喷出，存在安全隐患，这是此次事故发生的间接原因之二。

事故防范

（1）补转炉炉底时，补炉料入炉摇匀后，烧结时间应大于 45min，等炉口无黑烟冒出时，向炉前摇炉 45°进行控油操作后，方可兑铁冶炼。

（2）补转炉大、小面时，补炉料摇匀后，烧结时间应大于 45min，并进行控油操作，待炉口无焦油流出和炉口无黑烟冒出后，方可进行兑铁冶炼。

（3）补炉后前两炉，摇炉、测温、取样、出钢操作时要做好防止塌料喷溅伤人的防护工作。摇炉要缓慢，同时要求炉门观察孔开度要小于 40mm，测温取样时，要待炉子停稳后方可进行，操作人员应站在测温取样口侧面，操作完毕要迅速躲开炉口区域。出钢时，操作人员应躲开炉口方向。

（4）补炉第一炉严禁测温取样。

案例 5　落包摘钩时钢水包梁倾倒造成的死亡事故

 事故经过

2006 年 4 月 29 日 13：10，某钢铁公司铸钢车间 10t 钢水包方砖损坏，电炉丙班班长李某安排浇铸工林某、赵某两人将钢水包内的废渣翻净准备更换耐材。林某指挥天车将翻完残渣的钢水包落到地面后，天车司机将钢水包梁落到钢包上摘钩。由于钢水包梁放的位置不当，摘钩时钢水包倾倒，林某（男，49 岁，浇铸工，本工种工龄 12 年）躲闪不及，被钢水包梁砸伤，经抢救无效死亡。

事故分析

（1）浇铸工林某在指挥天车落包摘钩时，没有躲避到安全距离以外，违反铸钢车间《钢水包包梁使用及存放安全管理办法》的规定，违章作业，是事故发生的直接原因之一。

（2）天车工田某在落包自行摘钩时，违反《天车工安全操作规程》和铸钢车间《钢水包包梁使用及存放安全管理办法》有关规定，缺乏安全意识，没有对作业环境认真瞭望和确认，习惯性违章作业，致使摘钩时包梁倾倒，是事故发生的直接原因之二。

（3）该公司铸钢车间安全管理存在缺陷，安全管理制度和岗位安全操作规程不够完善，现场安全监督检查不到位，设备、设施和作业环境不良，未及时消除事故隐患，安全生产投入不足，是事故的间接原因。

事故防范

（1）钢水包包梁使用的相关规定：铸钢车间的《钢水包包梁使用及存放安全管理办法》中对于钢水包包梁使用的有关安全规定，在使用天车放置包梁时，天车自动摘钩，为避免伤及人员，摘钩时，天车工应对作业区进行安全确认并响铃警示地面操作人员撤离到安全距离（4.5m）以外。

（2）天车工起吊注意事项：天车工需经过训练考试，持有操作证者方能独立操作。未经专门训练和考试不得单独操作。开车前应认真检查设备机械、电气部分和防护保险装置是否完好、可靠。如果控制器、制动器、限位器、电铃、紧急卅关等主要附件失灵，严禁吊运。必须听从挂钩起重人员指挥。但对任何人发出的紧急停车信号，都应立即停车。天车工必须在得到指挥信号后方能进行操作。行车启动时应先鸣铃。

案例6 因不识安全色导致的触电伤亡事故

事故经过

2005年6月1日15：30，某钢铁公司电炉工段一名工人不听旁人劝告擅自攀爬竹梯释放瓦斯。因该梯上面二档损坏，够不到瓦斯阀门，该工人随即从另一边铁杆扶梯爬到变压器顶上。由于他不懂得涂有红、黄、绿颜色的扁型金属条（俗称高压铜排）都带有高压电流，当他跨越扁型金属条的瞬间，当即被高压电击倒身亡。

事故分析

（1）事故发生的直接原因是操作工违章操作，未经过严格的安全培训，不识安全色所代表的意义，从而导致触电身亡。

（2）该公司管理混乱，周围职工明知该操作工违规操作却没有进行及时的强制阻止，且事发地点没有相应的防护措施也是事故发生的直接原因。

事故防范

（1）安全色：用以表示禁止、警告、指令、指示等。其作用是使人们能够迅速发现或识别安全标志，提醒人们注意，以防发生事故。但它不包括灯光、荧光颜色和航空、航海、内河航运以及为其他目的所使用的颜色。

（2）对比色：使安全色更加醒目的反衬色。

（3）安全色规定为红、蓝、黄、绿四种颜色。其用途和含义见表1。

表1　安全色的用途和含义

颜　色	含　义	用途举例
红　色	禁止 停止	禁止标志 停止信号：机器、车辆上的紧急停止手柄或按钮，以及禁止人们触动的部位；红色也表示防火
蓝　色	指令 必须遵守的规定	指令标志：如必须佩戴个人防护用具 道路指引车辆和行人行驶方向的指令
黄　色	警告 注意	警告标志 警戒标志：如维修作业场所和坑、沟周边的警戒线、行车道中线、机械上齿轮箱的内部安全帽
绿　色	提升 安全状态 通行	提升标志 车间内的安全通道 行人和车辆通行标志 消防设备和其他安全防护装置的位置

（4）炼钢车间的电气设备，电压较高，电流较大，如电动机、变压器、配电盘以及裸露的粗电线或涂有红色、黄色、绿色的扁型金属条，都带有高压电流，严禁触碰。

（5）任何电气设备在验明无电之前，一律认为有电，不得盲目触及。所有标示牌（如"禁止合闸""有人操作"等标牌）非有关人员不得随意移动。

（6）移动照明行灯的电压不可超过36V，在特别危险的地方，如潮湿的地方作业行灯电压不可超过12V。行灯应有绝缘手柄和金属防护罩，灯泡不准外露。

（7）在雨、雾及恶劣的气候条件下，一般应停止检修架空线或带电作业。

（8）电气作业应加强电气安全组织管理工作，严格执行工作票制度、监护制度和恢复送电制度。

案例7 错误指挥、违规吊运造成钢水外泄爆炸事故

事故经过

2003 年 4 月 23 日 0：20，某钢铁集团炼钢车间一号转炉出第 1 炉钢，该车间清渣班长陈某到钢包房把一号钢包车开到吹氩站吹氩。

0：30，陈某把钢包车开到起吊位置，天车工刘某驾驶 3 号 80t 天车落钩挂包，准备运到 4 号连铸机进行铸钢。此时，陈某站在钢包东侧近处（正确位置应站在距钢包 5m 外）指挥挂包，但仅看到东侧的挂钩挂好后就以为两侧的挂钩都挂好了，随即吹哨明示起吊。天车工刘某听到起吊哨声后便起吊钢包。天车由 1 号炉向 4 号连铸机方向行驶约 8m 时，陈某才发现钢包西侧挂钩没有挂到位，钩尖顶在钢包耳轴中间，此时钢包已发生倾斜，随时都有滑落坠包的危险。当天车行驶到三号包坑上方时，天车工刘某听到地面多人的喊声，立即停车。在急刹车的惯性作用下，顶在钢包西侧耳轴的吊钩尖脱离钢包耳轴，钢包由于严重倾斜（钢包自重 30t，钢水 40t）扭弯东侧吊钩后脱钩坠落地面，钢水洒地后因温差而爆炸（钢水温度 1640℃），造成 8 人死亡、2 人重伤和 1 人轻伤。

事故分析

造成这起钢水外泄爆炸事故的直接原因：3 号天车起吊钢水包时，西侧挂钩没有挂住钢包的耳轴，而是钩尖顶在西侧耳轴的轴杆中侧，形成钩与耳轴"点"接触。陈某指挥起吊时站位不对，他只看到挂钩挂住东侧钢包耳轴上，而没有看到西侧挂钩是否挂住钢包西侧耳轴，就吹哨指挥起吊，造成钢包西侧受力不均匀，钢包倾斜。天车工刘某听到地面人员呼喊时，操作天车因急刹车惯性力的作用，使西侧挂钩从耳轴上脱落，扭弯钢包东侧吊钩，造成钢包坠地，高温钢水外泄。另外，该炼钢车间操作工人安全生产确认制、责任制、安全操作规程实施不到位，指车工陈某在没有确认两侧吊钩挂牢就指挥起吊，天车工刘某违规操作，发现陈某指挥吊车站位不对没有告示，启动时没有按操作规程"点动—试闸—后移—准起吊"程序操作，违反操作规程。

事故防范

（1）安全生产行业标准《炼钢安全规程》（AQ 2001—2004）8.4.6 规定：起重机应由经专门培训、考核合格的专职人员指挥，同一时刻只应一人指挥，指挥信号应遵守《起重吊运指挥信号》（GB 5082—1985）的规定。

吊运重罐铁水、钢水、液渣，应确认挂钩挂牢，方可通知起重机司机起吊；起吊时，人员应站在安全位置，并尽量远离起吊地点。

（2）安全生产行业标准《炼钢安全规程》（AQ 2001—2004）8.4.7 规定：起重机启动和移动时，应发出声响与灯光信号，吊物不应从人员头顶和重要设备上方越过；不应用吊物撞击其他物体或设备（脱模操作除外）；吊物上不应有人。

（3）《起重作业安全操作规程》规定：

1）根据吊重物件的具体情况选择相应的吊具与索具。作业前对吊具与索具进行检查后，方可投入使用。

2）起升重物前，应检查连接点是否牢固可靠。

3）吊具承载时不得超过额定起重量，吊索（含各分支）不得超过安全工作载荷（含高温、腐蚀等特殊工况）。

4）起重机吊钩的吊点应与吊物重心在同一条铅垂线上，使吊重处于稳定平衡状态。

5）禁止司索或其他人员站在吊物上一同起吊，严禁司索人员停留在吊物下。

6）起吊重物时，司索人员应与重物保持一定的安全距离。

7）应做到经常清理作业现场，保持道路畅通，安全通道畅通无阻。

8）捆绑重物留下的绳头，必须紧绕在吊钩上或重物上，防止吊物移动时挂住沿途人员或物件。

9）吊运成批零散物件必须使用专门的吊盘、吊斗等器具，同时吊运两件以上重物要保持平稳，不得相互碰撞。

10）工作结束后，所使用的索具、吊具应放置在规定的地点，加强维护保养，达到报废标准的吊具、索具要及时更换。

（4）《起重指挥人员安全操作规程》规定：

1）指挥人员根据《起重吊运指挥信号》（GB 5082—1985）标准信号要求与起重机司机进行联系。

2）指挥人员发出的指挥信号必须清晰、准确。

3）指挥人员应站在使司机能看清楚指挥信号的安全位置上，当跟随负载运行指挥时，应随时指挥负载避开人员和障碍物。

4）指挥人员不能同时看清司机和负载时，必须增设中间指挥人员以便逐级传递信号，当发现错传信号时，应立即发出停止信号。

5）负载降落前，指挥人员必须确认降落区域安全后，方可发出降落信号。

6）当多人绑挂同一负载时，起吊前，应先做好呼唤应答，确认绑挂无误后，方可由一人负责指挥。

7）同时用两台起重机吊运同一负载时，指挥人员应双手分别指挥各台起重机，以确保同步吊运。

8）在开始吊载时，应先用"微动"信号指挥。待负载离开地面 100 ~ 200mm 稳妥后，再用正常速度指挥。必要时，在负载降落前也使用"微动"信号指挥。

9）指挥人员应佩戴鲜明的标志，如标有"指挥"字样的臂章，特殊颜色的安全帽、工作服等。

10）指挥人员所佩戴手套的手心和手背要易于辨别。

案例 8 钢丝绳断裂致使钢渣四溅造成伤亡事故

事故经过

2003 年 10 月 11 日，某钢铁集团有限责任公司的第一炼钢厂一车间 2 号电炉丁班在进行炼钢作业时发生钢丝绳断裂事故，造成人员伤亡。

9：40，负责吊渣斗的电炉工陈某呼叫来车间内的 2 号桥式起重机，把吊渣斗专用钢丝绳吊索具挂在 2 号吊车小钩头上，欲将丙班留在渣坑中装有热钢渣的渣斗运走。

9：45，陈某在坑下将绳扣挂在渣斗上端两个耳轴上，走到东段梯子处（渣坑为东西方向，渣斗距渣坑东墙 9.6m）。此时操作台车上东端电炉工侯某发现陈某站在渣坑东墙跟不上来，便喊"老陈，快上来"，陈某没理睬，并挥动双手做着起吊手势。站在台车西端的王某，面向西侧，感觉陈某有时间上到坑上后，便指挥吊车慢慢将钢丝绳抻紧。就在钢丝绳抻紧、稍作水平移动时，吊渣斗钢丝绳突然断裂，渣斗倾翻，液体钢渣顺着渣坑自西向东流淌，钢渣前沿距渣坑东墙

0.8m，由于台车东段距渣坑东墙 1.5m，形成通道，高温气流迅速抬升，陈某恰置于其间，致使呼吸系统吸入性损伤、窒息，同时衣裤被烤燃后烧伤，经抢救无效死亡。

事故分析

（1）事故的直接原因是：用于吊运渣斗的钢丝绳（吊索具）有缺陷，事故发生前，所使用的钢丝绳（吊索具）在吊车钩头反复挤压下已有70%的钢丝受到创伤，并呈扁状，已断丝严重，破损的钢丝绳承受不了渣斗的重力，在起吊的瞬间突然断裂，导致渣斗翻倒，高温钢渣外溢。

（2）陈某违反《起重作业安全操作流程》的有关规定，在坑下司索作业时，必须等人上坑后方可指挥吊车作业。陈某在下到渣坑挂钢丝绳后没有按规定回到地面，也是事故的直接原因。

（3）陈某安全意识淡薄，违章作业，在吊运前对钢丝绳没有进行认真检查，是事故的重要原因。

事故防范

（1）同第四章案例7。

（2）判断钢丝绳是否能继续使用，主要依据钢丝绳断丝程度和一些其他条件，应执行《起重机用钢丝绳检验和报废实用规范》(GB/T 5972—2009)的相关规定。

报废标准参考如下：出现整根绳股断裂；绳芯损坏，绳径显著减小；断丝紧靠一起形成局部聚集；弹性显著减小，明显地不易弯曲；钢丝绳直径减少7%或更多时（相对于公称直径，磨损）；钢丝绳外部钢丝的腐蚀出现深坑，钢丝相当松弛；钢丝绳直径局部严重增大；有严重的内部腐蚀；钢丝绳发生笼状畸变；有严重的内部腐蚀；钢丝绳严重扭结；钢丝绳严重弯折。

案例9　擅用普通起重机起吊钢包
造成钢包滑落倾覆事故

事故经过

2007 年 4 月 18 日 7：45，辽宁省某特殊钢有限责任公司生产车间，一个装有约 30t 钢水的钢包在吊运至铸锭台车上方 2～3m 高度时，突然发生滑落倾覆，钢包倾向车间交接班室，钢水涌入室内，致使正在交接班室内开班前会的 32 名职工当场死亡，另有 6 名炉前作业人员受伤，其中 2 人重伤。此次安全生产事故为新中国成立以来，钢铁企业发生的最严重的恶性事件。

事故分析

事故的主要原因：一是该公司生产车间起重设备不符合国家规定（按照《炼钢安全规程》（AQ 2001—2004）的规定，起吊钢水包应采用冶金专用的铸造起重机，而该公司却擅自使用一般用途的普通起重机）；二是设备日常维护不善，起重机上用于固定钢丝绳的压板螺栓松动而未及时发现和改正；三是作业现场管理混乱，厂房内设备和材料放置杂乱、作业空间狭窄、人员安全通道不符合要求；四是违章设置班前会地点，该车间长期在距钢水铸锭点仅 5m 的真空炉下方小屋内开班前会，钢水包倾覆后造成人员伤亡惨重。

事故防范

（1）安全生产行业标准《炼钢安全规程》（AQ 2001—2004）8.4.4 规定：吊运重罐铁水、钢水或液渣，应使用带有固定龙门钩的铸造起重机，铸造起重机额定能力应符合《炼钢工程设计规范》（GB 50349—2015）的规定。电炉车间吊运废钢料篮的加料吊车，应采用双制动系统。

（2）安全生产行业标准《炼钢安全规程》（AQ 2001—2004）8.4.4 规定：钢丝绳、链条等常用起重工具，其使用、维护与报废应遵守《起重机械安全规程第 1 部分　总则》（GB 6067.1—2010）的规定。

（3）《冶金企业安全生产监督管理规定》（国家安全生产监督管理总局令第 26 号发布）第二十一条规定：冶金企业的会议室、活动室、休息室、更衣室等人员密集场所应当设置在安全地点，不得设置在高温液态金属的吊运影响范围内。

案例 10　吊运中吊带突然断裂、粉料包坠落伤人事故

事故经过

2006 年 10 月 2 日 22：23，某钢铁股份有限公司不锈钢分公司炼钢厂转炉分

厂2号电炉通电，冶炼不锈钢母液。

23：24，电炉断电并打开电炉密闭罩，操作工陈某某、金某按作业程序到操作平台进行测温、取样。此时，指吊工路某指挥吊运两包硅铁粉和两包炭粉至电炉平台，起重机驾驶员周某操作20号桥式起重机（210/80t）用副钩的10t小钩吊运。当小钩上升到离电炉操作平台上方高7m时，向西（电炉密闭罩门方向）开动1m，即开动起重机大车，途经2号电炉平台时编织袋的一根吊带突然断裂，导致该粉料整包坠落，砸在正在测温取样工作的操作工陈某某身上。后急送医院抢救，但陈某某因伤势过重，抢救无效死亡。

事故分析

（1）事故的直接原因：在吊运过程中，硅钢粉编织袋碰擦到密闭罩门铭牌的右上角，造成编织袋破损，一根吊带突然断裂，导致粉料包坠落。

（2）事故的间接原因：一是起重机驾驶员对作业环境周边观察不仔细，违反起重作业"十不吊"的规定及本岗位操作规程；二是操作工陈某某在起重机鸣号运行情况下，未采取主动避让措施；三是炼钢厂运转车间、转炉分厂对作业区内交叉作业的危险隐患因素未充分认识。

事故防范

（1）安全生产行业标准《炼钢安全规程》（AQ 2001—2004）8.4.7规定：起重机启动和移动时，应发出声响与灯光信号，吊物不应从人员头顶和重要设备上方越过；不应用吊物撞击其他物体或设备（脱模操作除外）；吊物上不应有人。

（2）同第四章案例7。

案例11　违章操作导致钢渣喷爆事故

事故经过

2011年6月10日10：00，某钢铁公司炼钢厂根据本厂生产计划安排，要求3号转炉停炉检修换炉衬。

10：05，出完第7炉钢后，3号转炉总炉长郧某与责任工程师吕某商量进行涮炉操作。

10：07，发现炉口溢渣，因怕烧坏炉口设施，将氧枪提出转炉，提枪过程发现氧枪漏水，邴某就让炼钢工崔某上到 26.8m 平台处关闭氧枪进水阀，并通知钳工更换氧枪。

10：09，邴某又让高某上去查看漏水情况，高某上到 15.8m 平台，仅查看到氧枪头漏水不严重，就下来向邴某报告说漏水量不大，没问题。此时，吕某对邴某说，渣子太泡，涮炉效果不好，应当倒掉渣子兑点铁水，涮炉效果会更好。

10：24，邴某、高某、兰某 3 人对转炉炉口进行观察，确认没有蒸汽冒出（事后分析为过热蒸汽，肉眼观察不出来），邴某便安排兰某准备倒渣，在兰某摇炉时炉内积水与渣混合，发生喷爆。3 号转炉部分设备及建筑物严重损坏，并将西北方约 5m 处的化验室南墙推到，转炉操作室门窗玻璃被震碎，造成 3 人死亡，2 人重伤，3 人轻伤，直接经济损失 174.65 万元。

事故分析

（1）总炉长邴某由于接受信息不准确、不全面，对氧枪漏水的严重程度及炉内积水的情况判断失误，指挥摇炉时造成炉渣与水混合，使水急剧汽化，发生喷爆，是此次事故发生的直接原因。

（2）炼钢厂领导重生产、轻安全，对事故隐患和以往多次出现的氧枪、烟道漏水整改不力，致使氧枪头铜铁结合部全部断裂，裂隙达 2cm，炉内积水过多，是事故发生的主要原因。

（3）对职工安全教育培训不够，职工安全防范意识不强；炉前场地狭窄，临时炉前化验室位置不当，是事故发生的重要原因。

事故防范

防止钢渣喷溅措施：

（1）加入炭粉或 SiC 时，不要将炭粉或 SiC 一次性加入包底，以防被钢包底部渣子裹住，钢水翻入后，不能及时反应，待到温度达到碳氧反应条件后急剧反应；另外，在钢包中不能自动开浇，用氧气烧眼引流时，大量的氧气进入钢包中，打破钢包内原有的平衡，钢包内原来存在的大量气体，在外界因素的影响下，会突然反应而导致大喷。

（2）钢包要洁净，以防钢水注入钢包前期温度过低，炭粉或 SiC 与钢中氧不反应，待温度升高后突然反应造成大喷。

（3）炉前要加强吹氩搅拌，通过吹氩来均匀钢水成分、温度，确保气体和夹杂物上浮，保证吹氩时间大于 3min，吹氩压力保证钢包内钢水微微浮起为最佳。钢水翻花太大，钢包内钢水渣层被破坏，钢水吸气，使钢水二次氧化；钢水不翻花，吹氩搅拌效果不好，达不到去气去夹杂的效果。

（4）加强终脱氧力度，凡终点碳低于 0.05% 时，应加大硅铝钡用量，将硅铝钡用量提高到 0.5 ~ 1kg/t。

（5）防止钢包喷溅的关键是炉前避免出过氧化钢。规范炉前冶炼操作是杜绝过氧化钢出现的主要措施。

案例 12　废钢中混有异物导致的爆炸事故

事故经过

2006 年 11 月 22 日 0∶05，某金属制品厂内一处炼钢电炉突然发生爆炸。正在炼钢电炉周围工作的 10 名工人被爆炸的冲击气流崩飞，其中 3 人死亡，7 人受伤。

事故分析

发生爆炸是因为电炉内一根直径一寸的铁管内含有爆炸物。

事故防范

（1）安全生产行业标准《炼钢安全规程》(AQ 2001—2004) 7.2.3 规定："炼钢厂一般应设废钢配料间与废钢堆场，废钢配料作业直接在废钢堆场进行的，废钢堆场应部分带有房盖，以供雨、雪天配料。混有冰雪与积水的废钢，不应入炉。"

（2）安全生产行业标准《炼钢安全规程》(AQ 2001—2004) 9.2.2 规定：废钢配料，应防止带入爆炸物、有毒物或密闭容器。废钢料高不应超过料槽上口。转炉留渣操作时，应采取措施防止喷渣。

案例 13　炼钢厂钢包穿包漏钢烧伤事故

事故经过

2005 年 4 月 7 日 7：05，某钢铁股份有限公司炼钢厂转炉一分厂 2 号 RH 真空精炼装置按计划对 T91 钢种进行处理，当钢包被顶升到位并下降至加合金位置时，2 号 RH 精炼处理工陈某某发现操作室内监控显示屏上显示现场有火光，立即到现场确认，发现钢包穿漏。陈某某迅速返回操作室告知当班组长周某，并按《精炼处理中钢包穿漏事故应急预案》，操作液压顶升装置让钢包下降，欲将钢包车开出，但发现液压顶升装置不动作。同时周某向当班作业长陆某某汇报事故情况。

7：15，陈某某前往控制室一楼准备实施手动放油紧急作业，刚跑至扶梯口就被气浪冲至 10.8m 平台。此时，正碰上赶来的当班作业长陆某某和夜班 2 号 RH 组长史某某，但由于火势迅猛，此时已经无法进入 2 号 RH 平台。陆某某立即联系炉前作业长通知有关人员，史某某迅速赶至 2 号扒渣机附近查看，发现并救出了自救逃生已烧伤的当班组长周某。后经现场察看发现：32 号钢包包壁与下渣线处发生钢水泄漏，冲出的钢水很快熔化了钢包车上的托架，由于钢包处于顶升状态，在静压的作用下，钢水大量涌出，冲刷在附近液压站的墙面上，熔化了墙面上的钢结构立柱，钢水进入液压室，再熔化高压液压管道，造成高压液压油呈雾状喷出，瞬间引起火灾，大火烧穿了液压站钢板屋顶并迅速蔓延。

此次事故造成 2 号 RH 部分液压和电气系统烧损，现场作业人员常某某在操作室内窒息身亡，周某严重烧伤，经医院全力抢救无效死亡。

事故分析

一炼钢 32 号钢包在 2 号 RH 真空精炼装置处钢包内钢水泄漏，熔化液压站墙体靠钢包一侧的厂房钢柱，钢水进入液压站引起液压油燃烧，造成火灾。

炼钢厂在新试 T91 特种钢冶炼时对钢包的特殊要求认识不足，所采取的措施与钢包实际工况不相适应。

事故防范

（1）安全生产行业标准《炼钢安全规程》（AQ 2001—2004）12.1.1 规定：钢包浇铸后，应进行检查，发现异常，应及时处理或按规定报修、报废。

（2）安全生产行业标准《炼钢安全规程》（AQ 2001—2004）12.1.2 规定：新砌或维修后的钢包，应经烘烤干燥方可使用。

（3）安全生产行业标准《炼钢安全规程》（AQ 2001—2004）6.2.2 规定：易受高温辐射、液渣喷溅危害的建、构筑物，应有防护措施；所有高温作业场所，如炉前主工作平台、钢包冷热修区等，均应设置通风降温设施。

案例 14   砌炉质量存在缺陷造成的渣铁泄漏事故

事故经过

2012 年 7 月 3 日，某硅锰合金冶炼公司四车间 3 号矿热炉甲班 12 名职工正上夜班。

7：12，3 号矿热炉甲班班长梁某某发现该炉东侧上层喷淋水槽处有高温液态渣铁漏出，当即呼喊告警。随着高温液态渣铁大量漏出，高温烟气将冷却水供水管道胶管烤破裂，冷却水大量喷出，与高温液态渣铁接触，瞬间产生大量高温蒸汽和炽热气流，冲向炉后人行通道，并沿通道冲入 4 号精炼炉配电操作室，造成室内的 7 名职工中的 2 人因高温窒息当场死亡，4 人送医院经抢救无效死亡，1 人翻窗后逃生。

事故分析

该企业 3 号矿热炉砌炉质量存在砌筑砖缝厚度多处超标、上下层砌筑砖缝多处对缝、砌筑砖缝泥浆不饱满等缺陷造成炉衬局部侵蚀严重是漏炉事故的直接原因。

事故防范

（1）高炉、转炉、电炉等工业炉窑的砌筑必须符合《工业炉砌筑工程质量验收规范》和《工业炉砌筑工程施工与验收规范》(GB 50211—2014) 的要求。

(2) 安全生产行业标准《炼钢安全规程》(AQ 2001—2004) 6.2.1 规定：各种建、构筑物的建设，应符合土建规范的各项规定。

案例 15　违反安全操作规程造成的转炉爆炸事故

事故经过

2013 年 4 月 1 日，某钢铁公司第一炼钢厂 2 号转炉发生爆炸事故，造成 4 人死亡、28 人受伤。

4 月 1 日 8：10，第一炼钢厂 2 号转炉在吹炼过程中发现氧枪结瘤卡枪，计划冶炼完成后进行处理。

8：45，出钢结束，进行溅渣护炉操作。

8：50，溅渣护炉结束，发现氧枪无法正常提起，调度室通知钳工对氧枪提升装置进行修理。

11：00，氧枪提升装置修理完毕，将氧枪顺利提起，电焊工进行割枪作业。

11：20，摇炉工摇动转炉准备进行下炉冶炼，转炉内突然发生爆炸，产生巨大冲击波并引发火灾，将主控室全部损毁，造成现场 4 人死亡，28 人受伤（其中 5 人重伤）。

事故分析

切割氧枪前摇炉工未将转炉摇转到位，导致氧枪冷却管内残留的冷却水（约 0.3 m³）在氧枪切割放水时流入转炉炉底，将炉渣（约 3～4t）表层冷却形成积水；摇炉工未发现转炉内已经进水，直接转动转炉，导致水与底部热渣混合，水瞬间汽化，体积急剧膨胀发生爆炸。

事故防范

(1) 认真组织开展钢铁行业"打非治违"工作，加强隐患排查治理，特别是要落实风险作业审批制度，确保重点作业环节有审批、有检查、有防护，在确认安全的条件下，方能开始作业。

（2）安全生产行业标准《炼钢安全规程》（AQ 2001—2004）9.2.6 规定：转炉吹氧期间发生以下情况，应及时提枪停吹：氧枪冷却水流量、氧压低于规定值，出水温度高于规定值，氧枪漏水，水冷炉口、烟罩和加料溜槽口等水冷件漏水，停电。

（3）安全生产行业标准《炼钢安全规程》（AQ 2001—2004）9.2.7 规定：吹炼期间发现冷却水漏入炉内，应立即停吹，并切断漏水件的水源；转炉应停在原始位置不动，待确认漏入的冷却水完全蒸发，方可动炉。

（4）安全生产行业标准《炼钢安全规程》（AQ 2001—2004）6.2.8 规定：转炉和电炉主控室的布置，应注意在出现大喷事故时确保安全，并设置必要的防护设施。

案例16　新炉未烘烤导致的钢水喷爆事故

事故经过

2013 年 4 月 17 日，连云港市某特钢公司电弧炉车间发生一起钢水喷爆事故，造成 3 人死亡、1 人受伤。

4 月 17 日 0：00，夜班炉长带领 4 名炉前工到电弧炉车间开炉生产。

4 月 17 日 0：10，取样化验发现硅含量低，炉长要求炉前工进行吹氧操作。

4 月 17 日 0：30，再次取样送往化验室化验，取样的炉前工离开车间几分钟后，便听到电弧炉车间发生爆炸，厂部值班人员立即赶到电弧炉车间，发现 3 人身上起火，1 人躺在厂房门口，当即拨打 119 和 120 请求支援。消防和医护人员于 1：20 赶到现场，对燃烧的车间和伤亡人员进行现场处置。此次事故造成 1 人当场死亡，2 人送医院经抢救无效死亡。

事故分析

此次事故的原因：该厂 4 月 14 日更换新电炉，新炉在使用前未进行烘烤，冶炼时导致炉内和炉底耐火砖在砌筑过程中残余的水分经高温蒸发后渗入钢水内部积聚，压力持续增大，产生喷爆。

事故防范 ▶▶▶

（1）严格执行《工业炉砌筑工程质量验收规范》（GB 50309—2007）8.2（炼钢电炉）和《工业炉砌筑工程施工与验收规范》（GB 50211—2014）8.3（电炉）的相关规定。

（2）《工业炉砌筑工程施工与验收规范》（GB 50211—2014）20.0.1 规定：工业炉施工验收合格后，应及时组织烘炉。不能及时烘炉时，应采取相应的保护措施。

（3）《工业炉砌筑工程施工与验收规范》（GB 50211—2014）20.0.4（强制条款）规定：工业炉投产前，必须烘炉。烘炉前，必须先烘烟囱和烟道。

（4）《工业炉砌筑工程施工与验收规范》（GB 50211—2014）20.0.10 规定：工业炉烘炉应按烘炉制度进行。烘炉过程中应测定和绘制实际的烘炉曲线。烘炉后需要降温的工业炉，在烘炉曲线中应注明降温速度。烘炉时应做详细的记录。对发生的不正常现象应采取相应措施，并应注明其原因。

（5）《工业炉砌筑工程施工与验收规范》（GB 50211—2014）20.0.13 规定：工业炉烘炉过程中所出现的缺陷应经处理后，才可投入正常生产。

案例17 大包开浇过程中发生的灼烫事故

事故经过 ▶▶▶

2013 年 10 月 27 日 11：53，某钢铁公司转炉炼钢厂冶炼三区 150t 转炉 7 号方坯连铸机大包对位套好大包套管后不能自动开浇，大包工取套管引流。

11：58，开浇 2min 后再次关死大包。大包工套完大包套管后，机长莫某某（男，37 岁，连铸工）发现大包套管向东偏移且套管下口已断，莫某某便指挥大包工陈某某关死大包，另一个大包工覃某某从主控室跑到大包平台转动回转台纠正大包套管偏移。纠偏过程中，陈某某发现中包液面低，打开大包开浇后（12：00）造成钢流淋到包盖上引起钢水飞溅。莫某某发现后马上跑下 7 号机大包套管机械手平台，此时莫某某的衣服被钢花飞溅引燃，造成下肢、背部、左右小手臂灼烫受伤。

事故分析

（1）7 号机回转台定位不准，大包工覃某某操作大包转台时未通知附近区域作业人员撤离危险区；大包工陈某某操作大包对位偏移过大造成钢流淋到包盖上引起钢水飞溅，导致站在大包套管机械手平台的莫某某躲避不及，被飞溅的钢花引燃衣服，导致事故发生。

（2）大包开浇程序不完善，大包不能自动打开，造成大包操作忙乱，现场生产组织衔接不好造成等钢水现象。

（3）浇钢岗位未配发、使用阻燃服。

事故防范

（1）加强广大职工安全教育培训，督促职工严格执行操作规程；操作大包滑动水口进行浇铸时，做好现场监控，防止钢水飞溅、反弹或大量溢出烫伤人；安装大包套管时要待大包回转台停止旋转后才能进行，发现不符合安装套管条件，禁止靠近钢水飞溅区。

（2）完善大包定位系统，确保定位准确；同时考虑大包偏离浇钢位后油缸能自动关闭，或油缸开浇状态回转台不能转动的安全联锁。

（3）完善高温岗位特种劳动防护用品发放标准，及时申请、配发，确保满足岗位作业需求，加强对穿戴情况的检查。

案例 18　一次除尘风机爆炸事故

事故经过

2006 年 7 月 10 日 20：20，正在生产中的某钢铁公司炼钢厂一次除尘烟道水封由于大量缺水，大量空气进入烟道与转炉煤气混合，产生爆炸性混合气体。

21：23，混合气体到达爆炸极限，遇明火产生爆炸，造成一次除尘 1 号风机损坏，炼钢系统停产。

事故分析

（1）巡检不到位，没有按照安全操作规程进行巡检是此次事故发生的直接原因。20：22 二级文氏管喉口负压已经出现异常，说明烟道水封已缺水，但巡检工未及时发现隐患。

（2）调度违章指挥，只重生产而忽视安全。在耦合器进出口温度没有降下来，烟道水封没有补完水的情况下，盲目指挥生产造成事故。

（3）事故处理不及时，缺少经验，没有制定相应的应急预案。

事故防范

（1）加强巡检，严格按照安全操作规程操作，保证水封水溢流。

（2）水封无水时禁止吹炼，待补足水后方可吹炼。

（3）监控数据出现变化后，严格检查水封、管线等部位，待查明原因处理完后方可吹炼。

（4）加强调度人员的安全学习，杜绝违章指挥，消除只重生产而忽视安全的思想。

（5）制定事故应急预案，严格按照事故处理程序处理事故。

案例 19　渣车挤伤吹氩工事故

事故经过

2007 年 4 月 24 日 11：13，某钢铁公司炼钢厂 6 号转炉已进入吹炼后期，出钢工鄂某到出钢房去调整渣车的位置，因渣道上残留吹炼前期喷溅的钢渣，准备开动渣车将渣子刮出渣道。渣车在向北运行过程中，将正在渣道北侧处理出钢车刮渣板上积渣的本班吹氩工宋某挤在钢车和渣车中间。现场人员立即将宋某送往当地医院救治，初步诊断为左大腿骨折。

事故分析

（1）炼钢厂炉前工操作规程第 14 条规定"转炉平台上的钢、渣车控制开关只准在出钢时使用，其他操作必须在炉下的钢、渣车控制开关处操作，并一人操作，一人监护"。出钢工鄂某在非出钢时间在转炉平台上直接操纵渣车，违章操作是事故发生的直接原因。

（2）吹氩工宋某在转炉吹炼过程中到渣道北侧处理钢车故障，没有和出钢工进行任何联系沟通，违反转炉吹氩工岗位操作规程"清理钢车或渣车时，必须把电源开关拉下，才能上车清理，同时与出钢工联系好"，忽视作业现场存在的不安全因素，是事故发生的间接原因。

事故防范

（1）炼钢厂根据转炉生产作业现场实际情况，对渣车及钢车安装声光报警，做好行车前的警示工作。

（2）加强安全操作规程执行的监督和检查，针对危险区域作业制定详实的安全标准化作业程序，以规范员工的作业行为。

案例 20　烟道渣块坠落致人死亡事故

事故经过

2009 年 10 月 27 日，某钢铁公司炼钢厂依据生产计划安排当天白班进行检修。

7：40，在检修作业区早会上检修作业长赵某将 9 号转炉相关检修任务安排给维修工长江某。

8：00，在班组早会上江某将 9 号转炉维修工作包括"支撑螺栓处理松动、转炉活动烟罩环管加固补焊"在内的工作安排给 9 号转炉维修组组长夏某，并将安全注意事项对其进行交代。

9：30，夏某带领组员开始检修工作。

16：00，检修工作结束。在给除尘烟道试水时发现，烟道内冷却水管漏水，江某安排曹某、李某带手电筒上去察看漏点情况及烟道内是否有渣子，经过查看后，曹某、李某向江某汇报，烟道内没有渣子但有 3 处漏点需要焊接。

16：25，曹某、王某、李某三人上到炉上去焊接漏点。

16：35，从烟道内落下一块重约 25kg 的渣块，砸到曹某头部，将曹某砸倒，现场人员立即上报炼钢厂领导及公司领导，炼钢厂厂长立即找来救护车将曹某送往当地医院救治，到达医院时，曹某已经死亡。

事故分析

除尘烟道高约17m，且5m处有弯曲地方，由于生产过程中喷溅在烟道内的热渣日积月累堆积成渣块，当停炉检修后，在通过冷却水时，热渣堆积物逐渐冷却，热胀冷缩原理导致粘连不牢固，作业人员对作业现场未进行确认，没有发现悬挂物的存在，于是开始焊接，此时粘连已经不牢固的渣块掉落，导致事故发生。

事故防范

（1）通过培训增强各级主管安全生产相关技能及安全责任心，然后通过各级主管对所辖区域员工的安全教育，增强检修员工岗位安全技能、安全防护意识及危险源识别能力，有效遏制检修类事故发生。

（2）加强在检修操作前的安全确认，由专责点检员和维检工长共同检查确认，在人的视线和手电筒照射范围内确认无异物的情况下，对上方看不到的部位，通过将烟道上方开设检查孔，对烟道拐脖处进行观察，发现烟道内存在粘渣，处理干净后方可操作。同时对检修项目安全作业程序进行落实、签字确认。

（3）强化转炉操作人员的操作水平，减少转炉喷溅情况的发生，控制炉渣的堆积。

案例 21　铸造过程钢水爆喷事故

事故经过

2012年2月20日，某重型机械有限责任公司铸钢厂开始生产水电下环（毛重95t，采用两罐合浇的方法在砂型中浇铸）。

23：30，砂型制作完成后开始进行钢水浇铸。

23：36，在第二罐钢水浇铸即将结束时发生砂型型腔喷爆，造成13人死亡、17人受伤（6人重伤）。

事故分析

事故系型腔内部或底部残余水分过高，钢水进入型腔后，残余水分受热，短时间内迅速膨胀，造成砂型型腔喷爆。导致多人遇难的原因有两点：一是多"钢包"同时灌注钢水，二是采用地坑式车间。一般一个"钢包"需配备两名工作人员，钢水溢出后，他们很难逃离。

事故防范

（1）应完善熔融金属作业安全操作规程。

（2）要严格检测原砂含水量，确保达到工艺要求；采用地坑造型时，要了解地坑造型部位的水位，以防浇铸时高温金属液体遇潮湿发生爆炸；要安排好排气孔道，使铸型底部的气体能顺利排出型外。

（3）要定期对熔融金属罐（包）进行检查、检测、维修和保养，并在确认烘干后方可使用。

案例22　习惯性违章造成的烫伤事故

事故经过

2007年6月5日3：30，某钢铁公司炼钢车间1号转炉砌炉后冶炼第一炉，准备出钢，由于该炉是砌炉后第一次使用，新炉湿气大，出钢口十几分钟未打开。

3：48，1号炉职工赵某按班长王某指示到堵钢口处，用吹氧管吹氧熔化耐火材料，试图将出钢口打开。

3：51，当出钢口打开时，炉前班长王某就喊赵某快下来，赵某想将吹氧管拔出来后撤离，但几秒钟后，由于出钢口钢水压力大，且新炉湿气大造成出钢时爆鸣散溜，部分钢水喷出洒落到钢包外面的渣坑内，引燃周围的液压设备，大量的浓烟和火焰突然上升到炉后，将还未及时撤离的赵某包围，操作工徐某发现起火后，立即将转炉回位停止出钢，此时赵某已经全身着火，现场人员立即对其抢救，用水将其身上的火灭掉，并及时送医院进行治疗。经检查，烧伤面积达93%，二度烧伤。

事故分析

（1）出钢口打不开时，赵某违章操作从堵钢口处吹氧开口是此次事故发生的直接原因。

（2）炉体液压设备老化长期漏油，造成炉体底部渣坑积油，在钢水散溜洒到渣坑时引燃，产生大量浓烟和火焰，是事故发生的间接原因。

（3）赵某在工作时，未按规定穿纯棉内衣，导致衣服燃烧后粘在身上，扩大和加深了烧伤面积和深度也是造成重度烧伤的原因。

事故防范

（1）立即对液压设备进行检修，杜绝漏油现象。

（2）立即对炉底、炉上安全通道进行清理，保证安全通道畅通。

（3）加强对班组长和职工的安全教育培训，严格按操作规程作业，杜绝习惯性违章操作和违章指挥现象。

（4）加大监督检查力度，教育职工在工作时必须穿戴符合要求的劳动防护用品。

第五章 轧钢安全事故

ZHAGANG ANQUAN SHIGU

案例1 站位不当造成机械伤害事故

事故经过

2014年3月18日16：00，某钢铁公司连铸连轧厂精整工段甲班班长谭某某组织所属人员进行生产作业。作业内容为将从生产线下线的钢卷吊运到精整车间运输链后，经过开卷、平整、分卷和再次卷起后到打捆机处进行打捆入库。

17：20，谭某某发现1号步进梁运送的钢卷到达打捆机处后打捆机不工作，于是就打电话告知机械班维修工冯某某打捆机发生故障，要求其进行维修。

17：30，谭某某看到冯某某来到现场，就从主控室走到打捆机旁的操作面板处，配合冯某某检修打捆机。冯某某在打捆机两侧查看了一会，就站在打捆机机头西侧继续检查。

17：40，打捆机机头突然动作，将冯某某挤压在钢卷和机头之间。

18：40，冯某某经抢救无效死亡。

事故分析

（1）事故的直接原因：机械维修工冯某某违反规定检查、判断打捆机故障，由于其站位不当，当打捆机机头突然动作时，将冯某某挤压在打捆机机头和钢卷之间，致使其受伤死亡。

（2）事故的间接原因：

1）安全培训教育不到位。对员工的安全教育流于形式，职工安全意识薄弱，长期存在违规作业现象。

2）安全管理不到位。连铸连轧厂安全管理人员不足，日常安全监管检查工作不到位。

事故防范

（1）切实加强对检修作业的组织和领导，做到每次检修作业都要制定完善、科学、安全、可靠的检维修方案，检修前要进行安全教育和安全交底，落实好检维修过程的应急预案，并设专人监管，及时排查和消除各类设备存在的隐患，杜绝因设备隐患所引发的生产安全事故再次发生。认真落实对从业人员安全生产"三级教育"，强化重点岗位和特种作业人员的教育培训，按照规定时限和内容对员工进行再培训，确保从业人员具备对本岗位各类安全隐患和风险的判断识别能力，从根本上提升从业人员的安全意识和技能。

（2）检修作业时，站位、姿势要适当，防止重心失稳。使用工具时，要观察周边是否有人或物体，防止伤害自己和他人。拆卸下来的物件及工具要放稳，防止滑落伤人。

案例2　戴手套操作不慎被绞入轧辊事故

事故经过

2004年10月7日7：45，某钢厂线材车间乙班轧钢工因上一班发生11号轧机事故，提前15min接班。

8：05，接班后乙班职工给11号轧机换机架，同时对10号、12号轧机进行换孔型作业。当10号轧机处于传动状态时，作业人员刘某戴着手套用1根8mm圆钢（两头弯成90°）从10号轧机进口处测辊缝，结果右臂不慎被绞入10号轧机轧辊，造成右手及右前臂大面积拉伤，右手掌1～4指开放性骨折，并且中指第二关节完全断离。

事故分析

轧钢工刘某安全意识淡薄，违反轧钢工安全操作规程作业，是事故的直接原因。

线材车间对职工安全教育不够，安全管理不严，无安全防护措施是事故的间接原因。

事故防范

（1）安全生产行业标准《轧钢安全规程》（AQ 2003—2004）4.10规定：

轧钢企业应定期对职工进行安全生产和劳动保护教育，普及安全知识和安全法规，加强业务技术培训。职工经考核合格方可上岗。

新工人进厂，应首先接受厂、车间、班组三级安全教育，经考试合格后由熟练工人带领工作，直到熟悉本工种操作技术并经考核合格，方可独立工作。

调换工种和脱岗三个月以上重新上岗的人员，应事先进行岗位安全培训，并经考核合格方可上岗。

（2）安全生产行业标准《轧钢安全规程》（AQ 2003—2004）9.3.1 规定：弯曲的坯料，不应使用吊车喂入轧机。

（3）安全生产行业标准《轧钢安全规程》（AQ 2003—2004）9.3.2 规定：轧机轧制时，不应用人工在线检查和调整导卫板、夹料机、摆动式升降台和翻钢机，不应横越摆动台和进到摆动台下面。

（4）轧机工要做到：1）工作前检查送料机轮的链条，有无过松或过紧的现象，各部螺钉是否松动。2）工作中要经常注意设备运行状态，发生故障及时排除。3）弯料不允许加工。4）机器开动后，手不准触摸机器的转动部位或加工部位，防护罩必须盖好。

案例3　钢尾跑出打飞护板致死事故

事故经过

2007 年 1 月 29 日 0：00，某钢铁公司二钢轧厂二高线车间丙班接班后停车进行检查，换精轧导卫。

0：15，启车过钢，过钢后刘某在精轧工具箱台面上导卫检修操作台修理换下来的 17 号、19 号、21 号、23 号进口滚动导卫。

2：20，刘某到冷风辊道切尾平台的成品质量检验处与张某换小班，继续监督检查成品质量。

2：40，二线加热炉停煤气，接调度通知换精轧机 21 号、22 号辊（成品辊），换辊过程约 20min。开车过钢后废品箱堆钢，处理完废品箱堆钢后再过钢，连续发生废品箱堆钢 3 次，随后对水冷段、废品箱进行检查，未发现异常。

3：44，在第 5 次过钢时，张某站在精轧机地面站前观察 2 号卡断剪运行情况，刘某站在距精轧机北侧 6m 处工具箱东数第一个门处，轧机过钢后，从吐丝机吐出若干圈后废品箱堆钢，张某按下地面站面板上的 2 号卡断剪按钮卡钢，看到 3m 左右 8mm 螺纹钢从 25 号精轧机北侧的挡板处撞开飞出，同时飞出两个红色的钢头，随即看到刘某瘫坐在地上。随后刘某被送医院，抢救无效死亡。

事故分析

（1）在轧制过程中，由于废品箱堆钢造成钢尾从导卫与导管间隙处跑出，将护板打飞，钢尾断头打在刘某颈部右侧主动脉处，导致其失血过多死亡，是事故发生的直接原因。

（2）在安装护板时，焊点少，焊接不牢固，抗冲击力不够，同时无相关安全防护装置是事故发生的主要原因。

（3）设备在使用过程中，设备检查、维护工作不到位，对护板大的隐患没有及时发现和排除；车间在安全管理中，监督检查不力，规章制度落实不够，安全管理不严格；二钢轧厂和车间对职工安全教育不够，职工安全意识差，安全技术素质低等也是事故发生的原因。

事故防范

《精轧调整工安全操作规程》规定：

（1）生产过程中严禁在过钢槽和辊道上通过，以防灼烫伤人。

（2）发生出口堆钢、顶导卫和出口嘴子等生产事故时，要待轧机停稳后再进行处理，不得冒险作业，以确保安全。

（3）生产中密切注意冷却水的使用情况，发现掉、堵水管时要马上停车，待车停稳后再进行处理。

（4）轧机在运转中需要磨槽时要和有关轧机工作人员联系好，停止轧机运行后再进行磨槽工作。

（5）在进行换辊、换接手、换连接杆、换修轧机各部机件时，轧机在没有停稳之前，人身不能靠近，不许摘掉防护设施。

（6）换轧辊时，要有专人指挥天车，并负责换辊时的安全工作和钢丝绳的使用、吊卸、吊装轧辊时，其他换辊人员要及时躲避吊物移动位置，杜绝卡钢丝绳或卡辊时挤压手脚，应互相照应。

案例4 旋转钢管弹出致伤亡事故

事故经过 ▶▶▶

2006年6月25日18：00，某钢管有限公司第一冷拔分厂精整作业区矫直机矫直工茅某（男，32岁，钢管矫直工，本工种工龄13年）进行钢管矫直作业，矫直钢管规格为20号钢 ϕ25mm×2.5mm×6700mm。

18：18，在矫直到该钢管还余68cm长时（该矫直机的矫直速度为0.5m/s，倒车时的速度同为0.5m/s），由于该钢管尾部弯曲，被矫直机的矫直辊卡住，茅某就想利用矫直机的倒车将该钢管倒出一部分，以便再次矫直。但在倒车过程中，由于操作不当，造成倒出的钢管过长，致使钢管撞在套筒的边缘并弹出，茅某被弹出的旋转钢管击中头部，随即被送至医院抢救，终因受伤严重抢救无效死亡。

事故分析 ▶▶▶

茅某在处理故障的操作过程中站位及操作不当是事故的直接原因。

矫直机操作开关存在缺陷且设置位置不当是事故的间接原因。

事故防范 ▶▶▶

《辊式矫直机安全操作规程》规定：

（1）工作前的检查：各操纵手把连接部分灵活准确，牢固无松动。安全装置齐全，牢固可靠；各润滑部分润滑良好，设备上及周围不得有与工作无关的杂物。

（2）正确安装和调整矫直辊，正确调整辊具角度、压力、矫直速度。

（3）接通电源检查空载运行，查看是否正常。

（4）被矫直制品弯曲太大时，矫直前应予以矫正。

（5）当矫直机工作或调整辊子时，不得将手放在辊子附近，以免发生危险。

（6）当发生料被卡死或闷车时，应立即停车，启动电机反转将料退出，严禁使用管钳、扳手等工具强行使制品通过。

（7）设备进行矫直作业时，不准跨越设备进出料槽，更不准在设备的料口处停留或横穿通行。

（8）在往矫直辊送料时，操作人员要配合好。

（9）不允许随便改动 PLC（可编程控制器）控制程序。

（10）矫直时，操作者手离转动的辊子不得少于 300mm，矫直特殊型材时也不得靠得太近，用手扶型材时必须精神集中，矫直长度 1m 以下制品时，送料人不得戴手套。

（11）锯切时，应站在锯片旋转方向的侧面，严禁站在对面，以免发生意外。

（12）严禁设备运转时，触动各传动件或清扫工作台上的锯屑。

（13）锯切材料的材质、规格应符合设备技术性能规定，禁止锯切线材。

案例5 违规使用自制吊索具挂钩脱落致人员伤亡事故

事故经过

2006 年 4 月 3 日 10：00，某钢铁公司连轧分厂精整工段旋转臂 A 区，维修钳工高某（男，43 岁）、米某某，遵照班组长徐某某的安排，抢修精整工段旋转臂 A 区北头第一块盖板下方传动链条。高某与米某某用自制的丁字形挂钩，分别拴挂盖板东南角与西北角两处，将盖板吊起并平移至靠北头第二块盖板上方，然后高某与米某某分别下至链条故障部位检修链条，此时吊装旋转臂盖板的东南角丁字形挂钩突然意外脱落，导致盖板飞快斜向撞击高某头部。高某被送往医院后经抢救无效死亡。

事故分析

（1）事故的直接原因：当班操作人员未经领导同意，违规使用设计不当、结构不符合安全规范的自制丁字形挂钩导致挂钩脱落是事故发生的直接原因。

（2）事故的主要原因：公司对检修作业、吊装作业的安全管理制度不健全，职工无章可循，天车工吊起物件后，检修人员在吊起物下方作业，作业场地狭窄，是事故发生的主要原因。

（3）事故的间接原因：吊装作业劳动组织不合理，作业现场指挥、索具检查人员职责不明确，致使吊装旋转臂盖板的丁字形挂钩突然脱落是事故发生的间接原因；对特殊工种作业人员没有执行国家有关规定经专门的安全作业培训取得特种作业操作证，方可上岗作业的制度，致使职工缺乏安全操作技术知识，无证上岗也是事故发生的间接原因。

事故防范

吊装作业安全技术：

（1）吊装作业安全技术的一般规定。

1）吊装作业前应编制施工组织设计或制定施工方案，明确起重吊装安全技术要点和保证安全的技术措施。

2）参加吊装作业的人员应经体格检查合格，并经培训考核合格持证上岗。在开始吊装作业前应进行安全技术教育和安全技术交底。

3）吊装工作开始前，应对起重运输和吊装设备以及所用索具、卡环、夹具、卡具、锚锭等的规格、技术性能进行细致检查或试验，发现有损坏或松动现象，应立即调换或修理。起重设备应进行试运转，发现转动不灵活、有磨损的应及时修理；重要构件吊装前应进行试吊，经检查各部位正常后才可进行正式吊装。

（2）防止高空坠落。

1）吊装人员应戴安全帽，高空作业人员应系安全带，穿防滑鞋，带工具袋。

2）吊装工作区应有明显标志，并设专人警戒，与吊装无关人员严禁入内。起重机工作时，起重臂杆旋转半径范围内，严禁站人或通过。

3）运输、吊装构件时，严禁在被运输、吊装的构件上站人指挥和放置材料、工具。

4）高空作业施工人员应站在操作平台或轻便梯子上工作。吊装层应设临时安全防护栏杆或采取其他安全措施。

5）登高用梯子、临时操作台应绑扎牢靠；梯子与地面夹角以60°～70°为宜，操作台跳板应铺平绑扎，严禁出现挑头板。

（3）防止物体落下伤人。

1）高空往地面运输物件时，应用绳捆好后吊下。吊装时，不得在构件上堆放或悬挂零星物件。零星材料和物件必须用吊笼或钢丝绳、保险绳捆扎牢固后才能吊运和传递，不得随意抛掷材料物体、工具，防止滑脱伤人或意外事故。

2）构件必须绑扎牢固，起吊点应通过构件的重心位置，吊升时应平稳，避免震动或摆动。

3）起吊构件时速度不应太快，不得在高空停留过久，严禁猛升猛降，以防构件脱落。

4）构件就位后临时固定前，不得松钩、解开吊装索具。构件固定后，应检查连接牢固和稳定情况，当连接确定安全可靠，才可拆除临时固定工具和进行下步吊装。

5）风雪天、霜雾天和雨天吊装应采取必要的防滑措施，夜间作业应有充分的照明。

（4）防吊装结构失稳。

1）构件吊装应按规定的吊装工艺和程序进行，未经计算和采取可靠的技术措施，不得随意改变或颠倒工艺程序安装结构构件。

2）构件吊装就位，应经初校核临时固定或连接可靠后方可卸钩，最后固定后方可拆除临时固定工具。高宽比很大的单个构件，未经临时或最后固定组成一稳定单元体系前，应设溜绳或斜杆（撑）固。

3）构件固定后不得随意撬动或移动位置，如需重校时，必须回钩。

案例6　违规用手调整运转设备致人身伤害事故

事故经过

2002年8月26日10：40，某钢铁公司轧钢厂精整车间副主任陈某在经过清洗机列时发现挤水辊被清洗箱里出来的一块板片（2mm×820mm×2080mm）倾斜卡住。

10：45，陈某在没有通知主操纵手停机的情况下，将戴手套的左手伸入挤水辊与清洗箱间的空隙（约35mm）调整倾斜的板片。由于挤水辊在高速旋转，将陈某的左手带入旋转的挤水辊内，造成陈某左手无名指、小指近关节粉碎性骨折，手掌大部分肌肉挤碎，最后将无名指、小指切掉。

事故分析

这是一起典型的由于违反安全操作规程而造成的事故。事故的直接原因是陈某在不停机状态下处理故障，戴手套操作旋转设备。

主操纵手工作不负责，未及时发现设备故障，同时，车间安全管理混乱，管理制度不完善，监督管理不严，是造成此次事故的间接原因。

事故防范

精整区安全技术操作要点：

（1）接班后认真检查所属设备，严格执行操作牌制度。

（2）打包机开车之前必须鸣铃示警，检查设备上是否有人工作，确认无误后方可作业。

（3）设备运转时严禁处理故障，设备正常运行时，周围3m以内不准有人停留。

（4）线卷不规整时不准用手直接接触线卷，要用专用工具。

（5）在向喂线轮里穿线时，严禁将铁线挽入胳膊内侧进行作业，防止将手或胳膊勒伤。

（6）更换打捆线时，必须停机作业，特别是在后部上线和处理线库内线打结等高处作业时，防止滑倒摔伤。

（7）打包机的使用和维护要遵守操作牌制度。处理打包机故障时，必须索取操作牌，停机（油、风、电）后，关闭锁定开关，确认无误后，方可进行。

（8）升降段停止器一定要保持完好，防止钩子窜出或掉下伤人。

（9）作业时要注意观望，出现意外事故时，立即停车。

（10）手动打包必须等线卷下降到稳钩器稳好以后，才能压紧；压紧装置压稳后，才能穿线打捆；打捆时必须待手离开拧结器后，才能启动拧结器；打好四道腰后，打包人员闪开后，才能松开压紧装置；不打捆时，升降和压紧泵都要关闭。

（11）修剪钩子内侧的线环时，当剪下的线环超过两环时，不准直接外拽，必须剪断后，慢慢导出。

（12）修剪下来的废线应及时归垛，要及时清理打包机周围乱线，以免绊倒伤人。

（13）作业环境要保持清洁，及时清理油污，防止滑倒。

案例 7   轧钢厂加热炉煤气管道爆炸事故

事故经过

2006 年 11 月 7 日，某轧钢厂计划处理煤气引风机风叶结垢。

7：45，加热炉停炉，引风机停机。

13：00，煤气引风机风叶上的积垢处理完毕，加热炉准备点火生产。

13：10，引煤气过程中产生爆炸，造成加热炉煤气管路分支管金属波纹管爆裂。事故发生后轧钢厂立即组织人员进行事故抢修。

至 11 月 8 日 0：40，抢修完毕加热炉开始恢复生产。

事故分析

（1）事故的直接原因是操作人员违章操作。操作人员违反煤气安全操作规程第六条第一项，停送煤气操作时，应用氮气驱赶煤气设备和管道内的煤气。特别是炉前段煤气管道停送煤气，必须用氮气处理；在操作过程中没有将前阀门组的盲板阀关闭，煤气管道末端的放散也没有打开，致使煤气通过蝶阀、快速切断阀泄漏到煤气支线管道中。由于炉温较高有 900℃，当煤气与空气均匀混合后，达到爆炸极限遇火源产生爆炸，爆炸后产生的冲击波从煤气管路分支处的金属波纹管处炸开。

（2）事故的间接原因是操作人员煤气安全知识学习不够，加上习惯性操作。在轧钢厂上报的事故报告中，清楚地写明用"煤气"赶空气而不是用蒸汽或惰性气体置换。说明轧钢厂对此次事故的分析，没有分析清楚，对煤气安全规程学习不够，培训也不到位。

（3）在长时间停炉时没有用盲板阀可靠切断煤气，而是用蝶阀和快速切断阀切断煤气，是事故发生的又一原因。

事故防范

（1）《工业企业煤气安全规程》（GB 6222—2005）7.1.1 规定：当燃烧装置采用强制送风的燃烧嘴时，煤气支管上应装止回装置或自动隔断阀。在空气管道上应设泄爆膜。

（2）《工业企业煤气安全规程》（GB 6222—2005）10.1.1 规定：除有特别规定外，任何煤气设施均应保持正压操作，在设备停止生产而保压又有困难时，则应可靠地切断煤气来源，并将内部煤气吹净。

（3）《工业企业煤气安全规程》（GB 6222—2005）10.1.2 规定：吹扫和置换煤气设施内部的煤气，应用蒸汽、氮气或烟气为置换介质吹扫或引气过程中，不应在煤气设施上拴、拉电焊线，煤气设施周围 40m 内不应有火源。

（4）《工业企业煤气安全规程》（GB 6222—2005）10.1.3 规定：煤气设施内部气体置换是否达到预定要求，应按预定目的，根据含氧量和一氧化碳分析或爆发试验确定。

（5）《工业企业煤气安全规程》（GB 6222—2005）10.1.4 规定：炉子点火时，炉内燃烧系统应具有一定的负压，点火程序应为先点燃火种后给煤气，不应先给煤气后点火。凡送煤气前已烘炉的炉子，其炉膛温度超过 1073K（800℃）时，可不点火直接送煤气，但应严密监视其是否燃烧。

（6）《工业企业煤气安全规程》（GB 6222—2005）10.1.5 规定：送煤气时不着火或者着火后又熄灭，应立即关闭煤气阀门，查清原因，排净炉内混合气体后，再按规定程序重新点火。

（7）《工业企业煤气安全规程》（GB 6222—2005）10.1.6 规定：凡强制送风的炉子，点火时应先开鼓风机但不送风，待点火送煤气燃着后，再逐步增大供风量和煤气量。停煤气时，应先关闭所有的烧嘴，然后停鼓风机。

（8）安全生产行业标准《轧钢安全规程》（AQ 2003—2004）8.16 规定：加热设备与风机之间应设安全联锁、逆止阀和泄爆装置，严防煤气倒灌爆炸事故；炉子点火、停炉、煤气设备检修和动火，应按规定事先用氮气或蒸汽吹净管道内残余煤气或空气，并经检测合格，方可进行。

案例8　轧钢厂冷剪操作工被配重铁挤伤工亡事故

事故经过

2007 年 2 月 8 日 20：30，某钢铁公司轧钢分厂生产作业区精整丙班在生产过程中发生乱钢。

20：31，4 号冷剪负责看护工作的冷床看护工许某和冷剪操作工李某发现冷剪突然停车，操作工李某对冷床看护工许某说："正好去处理夹在冷剪中的切头，以免正常过钢时将钢头顶弯，造成不合格产品，你去告诉于某等会再切"。随后许某进到 CS3 控制室通知于某。

21：12，许某从屋内出来，看见李某已进到冷剪下面，许某急忙递给李某割枪，并将氧气、乙炔带顺好，同时许某在上面进行监护。李某在 4 号冷剪下将切头切断一段后，发现还剩一段便想继续切割，许某看到后说："不影响，赶紧上来"，说话当中许某发现螺纹钢从辊道运行过来，急忙朝操作室边打手势边喊"停车、停车"，但此时已经晚了，李某被挤到 4 号冷剪南侧配重铁处。事故发生后，救护人员将李某救出送往医院，抢救无效死亡。

事故分析

（1）事故的直接原因是违章作业。CS3 操作工李某在进入冷剪下面时，未先将 4 号冷剪的控制开关在冷剪处打到就地操作位置，以防冷剪在操作室被操作。

（2）事故的间接原因是安全确认不到位和没有严格执行"三不伤害"。CS3 操作工于某在接到 CS4 可以继续过钢的电话后，没有和现场进行处理的许某进行联系确认就将冷剪启动造成此次事故。

事故防范

（1）安全生产行业标准《轧钢安全规程》（AQ 2003—2004）9.1.10 规定：剪机与锯，应设专门的控制台来控制。喂送料、收集切头和切边，均应采用机械化作业或机械辅助作业。运行中的轧件，不应用棍撬动或用手脚接触和搬动。

规程解读：剪切机和热锯机应设置专门的操作室或操作台，操作台应有防锯花飞溅伤人的措施。喂送料应采用辊道输送。收集切头和切边设有专用的地沟溜槽和剪废料头收集箱，禁止人员在线收集。运行中的轧件，不得用撬棍撬动或用手脚接触和搬动。因为运行中的轧件对作用于轧件的撬棍有反作用力，加上惯性作用，很容易将撬棍弹飞伤人，手脚接触或搬动容易造成人员烫伤、撞伤或机械绞伤等伤害，因此运行中的轧件绝对禁止用工具或肢体接触。

（2）安全生产行业标准《轧钢安全规程》（AQ 2003—2004）9.1.12 规定：各运动设备或部件之间，应有安全联锁控制。

（3）安全生产行业标准《轧钢安全规程》（AQ 2003—2004）9.1.13 规定：

剪切机及圆盘锯机换刀片或维修时，应切断电源，并进行安全定位。

案例 9 成品包装工序发生的物体打击事故

事故经过

2013 年 6 月 10 日 8：00，某钢铁公司冷轧分厂丁班镀锌班组组长王某带领本班组人员到镀锌半自动包装线实施钢卷包装作业，王某在人工打捆工位安排了5 个人（包括死者）。

9：00，因临时增加了一个包装点，人工打捆工位抽走了 2 名工人（经调查，该情况仍可满足生产需要，但该情况导致生产线埋下了"忙中出乱"的诱因）。此时，人工打捆工位剩下李某某（死者）、金某、刘某某三人，其中李某某负责钢卷的径向打捆工作，金某和刘某某分别在钢卷两侧负责钢卷的周向打捆工作。

11：37，王某在生产线控制台操作步进梁将李某某等人包装好的一个钢卷移至下一个固定鞍座，此时生产线上的提升小车可以启动，李某某等人以为钢卷已经落稳，便进入生产线进行工作。

11：39，李某某正进行钢卷径向打捆工作，身后已包装好的钢卷从固定鞍座上滚落，李某某身体被滚落的钢卷冲撞并挤向正在包装的钢卷，李某某被前后两个钢卷挤压在中间，当场死亡。

事故分析

（1）该公司设备管理存在安全隐患是事故的直接原因，事故发生时，已包装的钢卷纤维板包装上的胶液将北组东侧固定鞍座的垫板粘离，并紧紧贴附在钢卷下方，由步进机移至南组固定鞍座时，因垫板原因使钢卷滚落鞍座导致事故发生，造成包装工李某某死亡。

（2）该公司安全管理存在一定的漏洞。安全操作规程不完善，对危险源的纠正、预防以及安全培训存在缺陷。

（3）该公司在事故当日的生产过程中，存在忽视安全、抢时间工作的现象。在现场人员被抽调后，导致操作工位的紧张，操作者因生产紧张的压力不得不加快节奏，抢时间进行操作，也是造成事故的间接原因。

事故防范

（1）该公司解决事故发生的相关垫块问题，对事故发生的镀锌板自动生产线的垫块连接提出整改意见，由设备维护方处理，消除事故隐患。

（2）包装工序的职工流动性较大，要进一步强化职工安全教育，特别是新入职员工安全教育，教育要力求实效，贴近生产操作的实际，将生产包装过程中的事故案例和违规违制作业作为培训重点，要使岗位职工明确工作中的危险因素。

（3）进一步加强现场互保联保责任落实。现场职工在生产过程中，必须明确互保联保工作对象，并确定互保联保负责人，提高职工在生产操作过程中的安全意识，班组长、作业长和各级安全管理负责人要将互保联保工作作为日常检查的重要内容常抓不懈。

案例 10　换辊过程中出现的物体打击事故

事故经过

2013 年 8 月 2 日白班，某钢铁公司棒材厂轧钢车间轧钢乙班轧钢工邱某（男，34 岁）接到车间副主任黄某通知，顶替轧钢丁班一位请假职工的 8 月 3 日夜班。

3 日 0：49，轧机停产倒换规格，邱某与胡某、李某某、赵某、刘某五人在800 轧机进行换辊作业。

1：19，4 号吊车司机毛某某将 800 轧辊吊装到位后，赵某摘取两根钢绳上的三个索扣，留一索扣在主钩上，胡某指挥用主钩吊出了一根钢绳；然后，胡某指挥用副钩吊第二根钢绳一端，副钩在抬升过程中，吊车司机毛某某感觉钢绳张紧受力，马上操作吊车控制器回零，此时上轧辊（约 11t 重）东头失衡向北滑落，将站在 800 轧机牌坊西小门旁接水管的邱某左大腿根部挤伤，经医院抢救无效于3：20 失血性休克死亡。

事故分析

造成此次事故的直接原因是副钩吊出钢绳过程中，钢绳挂住受力，上轧辊失衡滑落挤伤邱某。

指挥人员胡某在指挥起吊前未喊开站在 800 轧机牌坊西小门旁接水管的邱某等作业人员，违反该公司《棒材厂吊车指挥、操作牌、检修牌使用管理制度》中"在吹哨指挥起吊前，必须提醒并确认所有人员特别是挂吊人员站在吊物运行轨迹以外，以防吊物吊起后因摆动而伤人"的规定。邱某在吊钩吊取钢绳过程中，未离开吊车作业危险范围，当上轧辊滑落时，无法躲避是造成此次事故的间接原因。

事故防范

（1）对换辊作业危害及预知预控进行补充、完善，并修订轧机换轧辊作业活动相关作业制度，特别是轧辊更换频次、时间以及抽取钢绳过程相关注意事项。

（2）强化起重作业及配合起重检修作业的安全教育培训，提高员工安全意识和技能，提高员工自保互保意识。

（3）科学合理地安排替班，保证充足的休息时间，尤其是暑期、中晚班易疲劳、易中暑。

（4）安全生产行业标准《轧钢安全规程》（AQ 2003—2004）9.1.6 规定：轧辊应堆放在指定地点。除初轧辊外，宜使用辊架堆放。辊架的结构形式应与堆放的轧辊形式相匹配，堆放的高度应与堆放的轧辊形式和地点相匹配，以确保稳定堆放和便于调运。辊架间的安全通道宽度不小于 0.6m。

（5）安全生产行业标准《轧钢安全规程》（AQ 2003—2004）9.1.9 规定：应优先采用机械自动或半自动换辊方式。换辊应指定专人负责指挥，并拟定换辊作业计划和安全措施。

案例 11　检修过程违反安全操作规程造成的物体打击事故

事故经过

2013 年 1 月 9 日 14：26，某钢铁公司棒线型材厂停产检修二棒加热炉，冶建机电液压班负责更换 3 号泵接手及安装位移传感器，棒线型材厂机电车间液压班对加热炉阀台进行清洗检修。

当加热炉动梁液压缸处在中位偏下时，冶建机电人员停 3 号泵拆卸接手。随后，机电车间液压班班长蒙某某（男，43 岁）带领 5 人到场，因时间紧，临时决定只检查清洗液压缸下阀台，管路暂时不清洗。此时由于 3 号泵接手已经拆下，无法启动液压泵将加热炉液压缸降到低位（安全位），蒙某某自行决定采用松开液压缸油管接头泄压后再拆阀座的方法。东面油管拆下后，蒙某某站在东面阀台处清洗阀台，这时维检二班甘某某过来协助工作。

15：20，甘某某在得到蒙某某可以拆卸西面油管的答复后，把无杆腔油管接头松了两牙后发现没有油漏出来，就用管钳敲打接头。此时油管脱出，高压油喷射到 1.5m 开外蒙某某的前胸，蒙某某被击倒后，头左侧碰到地面，造成头部外伤。

事故分析

（1）蒙某某严重违反该公司《棒线厂安全操作规程》中"在处理液压油路故障时，要确认油路泄压情况，在断开动力源的前提下，才能处理故障，防止高压油喷击伤人"及该公司《棒线厂设备检修作业书》中"确保压力完全泄掉方可拆液压管"等相关规定，未泄压就拆卸油管。

（2）甘某某未进行安全确认就拆卸油管，且用管钳敲打接头。

事故防范

（1）对加热炉液压缸等危险设备维修，要严格执行液压站维修要求，并制作液压缸支撑保护架，拆油管接头时固定油管后才能拆卸。

（2）加强职工的液压设备的维修技能培训，完善各油站相关技术资料。

（3）做好安全联保，发现违章行为要及时制止，把事故消灭在萌芽状态。

（4）安全生产行业标准《轧钢安全规程》（AQ 2003—2004）8.22 规定：工业炉窑检修和清渣，应严格按照有关设备维护规程和操作规程进行，防止发生人员烫伤事故。

案例 12　气动干油泵设计缺陷造成的伤人事故

事故经过

2006 年 12 月 18 日 8：00，梁某安排装辊工杨某给现场组装好的精轧支撑辊轴承箱打干油，在使用过程中发现气动干油泵出现不出油现象，杨某告诉当班班长梁某"气动干油泵不出油了"，梁某就指派装辊工温某去检查问题，温某怀疑是干油泵缸筒堵塞，然后就将干油泵气源总开关关闭，对干油泵的缸筒及活塞进行检查。在检查过程中干油泵的气缸活塞拉杆突然上升，致使温某正在检查的右手被挤压在缸筒与活塞开始咬合部位，温某喊道："我的手被咬住了"，梁某及时将气源开关打开，但这时温某已将右手拽出，摘掉防油手套后发现温某的右手中指被切断一节。

事故分析 ▶▶▶

（1）气动干油泵设备本身存在设计缺陷，缺少气水分离器，导致在冬季使用时，气源管路存在冻冰堵塞现象，致使管路存在余压，是事故的主要原因。

（2）温某安全意识淡薄，干油泵出现故障检查时，本应用工具检查干油泵的缸筒与活塞，但其却用手直接去触摸是否有杂物，造成右手中指被挤伤事故。温某既是受害者又是事故责任者，是事故的直接原因。

事故防范 ▶▶▶

（1）对气动干油泵等类似设备应增设气水分离器或在气动干油泵的气缸上部加一个阀门，避免因管路冻冰堵塞存在余压。

（2）职工的安全意识及危害识别的能力，特别是确认所使用设备的检查与维护过程中存在安全隐患的能力应加强。

（3）操作过程中，应正确使用专用工具，严禁用手代替工具。

案例13　安全意识淡薄造成的挤伤事故

事故经过 ▶▶▶

2007年1月14日，某钢管厂矫直上料工闫某（劳务工）正常进行上料作业。

13：10，翻料器突然往上翻过两根钢管，同时向矫直机方向运行，闫某发现后立即用手去搬外侧的钢管，想使外侧的钢管停止运行（由于钢管退火之后存在一定的弯曲度），右手被外侧的钢管挤在钢管拖辊上，被钢管顶伤，经检查右手中指和无名指骨折。

事故分析

（1）矫直上料工闫某本人安全意识淡薄，严重违反不准在辊道运行中用手拽辊道上的钢管的要求，是事故的直接原因。

（2）闫某发现辊道上同时运行两根钢管，没有及时采取停电措施后用专用安全工具去处理，而是用手直接接触钢管，是事故的直接原因。

（3）闫某酒后上岗（违反岗位安全规程）是事故的间接原因。

事故防范

（1）矫直上料的翻料器在生产的时候保障翻一根钢管运行，杜绝翻料器一次翻两根管的可能性。

（2）辊道运行期间发现问题，必须停机处理，严禁用手直接接触运行的钢管。

（3）严格劳动纪律，班前、班中严禁饮酒。

案例14　轧钢厂渣斗伤人事故

事故经过

2005年7月24日9：10，某钢铁集团有限公司轧钢工段职工王某，与本班职工杨某两人，配合30t天车从一架轧机渣沟槽中将渣斗吊出，吊至炉前辊道安全过桥南侧的翻斗汽车上，王某上车去摘渣斗上面的钢丝扣后未及时撤离危险区域。杨某在地面负责挂好渣斗底部吊点后，指挥天车起吊。天车司机李某在起升过程中没有进行安全确认，为防止渣斗杂物外溢，向南面打小车，渣斗向南晃动过去，将站在翻斗车内西南角的王某挤伤。随后王某被120救护车送至当地医院进行急救，但因其胸部、腹部受伤过于严重，经抢救无效死亡。

事故分析

（1）轧钢工段职工王某身为值班副班长，没有执行现场作业安全确认制，本应摘完钢丝扣后，及时撤离危险区域，但其本人滞留在翻斗车上，是事故发生的直接原因之一。

（2）天车司机李某和地面人员杨某在配合作业过程中，违反了轧钢厂安全操作规程，在没有进行安全确认的情况下，盲目起吊，是事故发生的直接原因之二。

事故防范

（1）吊运货物必须有专人负责并且要佩戴明显标志，指挥人员必须退到安全位置指挥。任何人不得在危险区域逗留。

（2）必须严格执行安全确认制，工段、班组等工作人员要明确各项工作的全部程序，确保万无一失。

（3）天车司机应与地面人员形成互保，如果有违章行为，必须要进行提醒，如果没有尽到提醒责任同样要承担相关责任。

（4）装车要清斗清车，一斗一清，车上不许有人。汽车司机不许在车上等候，挂料人员、指挥人员要对司机进行观察，并要求汽车司机下车等候。

第六章

工业气体安全事故

GONGYE QITI ANQUAN SHIGU

苍蝇专盯有缝的蛋，
事故专找大意的人

防范"短板"

案例1 氧气泄漏致人烧伤死亡的事故

事故经过

2006年4月11日23：20，某钢铁公司转炉停炉检修结束后，该厂设备作业长指挥进行氧枪测试作业，不到2min的时间，约1685m³氧气从氧枪喷出后被吸入烟道排出，扩散近300m到达烟道风机处。

23：30，检修烟道风机的1名钳工衣服上被溅上气焊火花，全身工作服迅速燃烧，配合该钳工作业的工人随即用灭火器向其身上喷洒干粉。火被扑灭后，将其拽出风机并送往医院。因大面积烧伤，该钳工经抢救无效，于12日2：50死亡。

事故分析

（1）由于在标准状况下空气及氧气的密度分别为1.293g/L、1.429g/L，氧气的密度略大于空气的密度，因此氧气团在微风气象条件下，不易与大气均匀混合，沿地面飘移300m后，使该钳工处于富氧氛围之中，遇到高温气焊火花被点燃（该钳工的工作服属于可燃材质），将钳工严重烧伤致死，是事故发生的直接原因。

（2）检修安全措施不到位，未考虑到氧枪测试过程中排放的氧气会给周围岗位带来危害，是事故发生的间接原因。

（3）检修过程中联系沟通不够，氧枪测试作业排放的氧气与日常作业冶炼后产生一氧化碳性质虽然不同，但都会给相邻岗位作业带来危害，氧气排放作业未与相邻岗位沟通，是导致事故发生的间接原因。

（4）检测措施不到位，在转炉风机房进行动火作业应按照有限空间作业要求，不仅要对一氧化碳进行检测，也要对氧气含量进行检测，此次事故对氧气含量检测不到位，也是导致事故发生的重要原因。

事故防范

（1）《冶金企业安全生产监督管理规定》（国家安全生产监督管理总局令第26

号发布）第二十四条规定：氧气系统应当采取可靠的安全措施，防止氧气燃爆事故以及氮气、氩气、珠光砂窒息事故。

（2）《冶金企业安全生产监督管理规定》（国家安全生产监督管理总局令第26号发布）第二十六条规定：冶金企业对涉及煤气、氧气、氢气等危险化学品生产、输送、使用、储存的设施以及油库、电缆隧道（沟）等重点防火部位，应当按照有关规定采取有效、可靠的防火防爆措施。

（3）在有多工种交叉作业的场所，不得随意释放大量的氧气至大气中。在有多工种交叉作业的场所，一旦发生氧气大量泄漏的事故，要立即通知下游风向1000m以内的各类作业人员停止作业，最好撤离现场，待工厂安全管理人员使用氧气检测仪检测氧含量达到正常值时，方可恢复作业。当必须在富氧条件下作业时，作业人员则不得进行电焊、气焊、气割等明火作业。不得使用易发生火花的工具（普通钢制扳手、锤子等），应使用铜合金材质的不发生火花工具，以防因使用工具产生火花引发爆炸。

案例2　氧气进入纯氮气管道引发的爆炸事故

事故经过

1998年9月18日，某钢铁公司氧气厂发生大面积停电，给转炉系统压送保护氮气的氮压机、空分等设备全部停产。当电网恢复再开车时，突然两台氮压机及配套氮气管道发生严重爆炸事故，波及范围相当广，厂房受损，煤气管道及氧气管道被打破数处，4名正在工作的工人受伤，经济损失达100余万元。

事故分析

事故发生的原因：由于空分停车，精馏工况被破坏，氮气纯度下降，液氧蒸发进入纯氮管路。当重新开车时，原先的纯氮管路存有一部分含氧量高的富氧氮气，氮压机开车时富氧氮气被吸入，遇到汽缸内油脂，发生燃烧，引爆了氮气管道。

事故反映了工厂车间安全技术规程落实不到位，管理不完善，应急制度不健全，未能充分考虑到可能出现的各种危险情况，预先进行应急预案的制定，在发生突发事件时不能有效应对。

事故防范

（1）《深度冷冻法生产氧气及相关气体安全技术规程》（GB 16912—2008）7.1.1 规定：应选用无油润滑型氮压机。氮压机应有完善的保护系统。

（2）《深度冷冻法生产氧气及相关气体安全技术规程》（GB 16912—2008）7.1.2 规定：氮压站与空分主控室之间应设有可靠的停车报警联系信号或停车连锁装置，并建立联系制度。

（3）《深度冷冻法生产氧气及相关气体安全技术规程》（GB 16912—2008）7.1.3 规定：氮压机运转后，应对机后出口氮气进行分析，纯度合格后方可送入管网。主要氮气用户入口处宜建立完善的纯度监测和保护系统。

（4）《深度冷冻法生产氧气及相关气体安全技术规程》（GB 16912—2008）7.1.4 规定：新建和停产检修后再投入生产的氮气管道和生产设备，应经氮气吹扫置换合格后方可投入使用。

（5）氮压机作业安全要求：氮气本身是惰性气体，不燃爆。氮压机汽缸若用油润滑，当氮气中混入氧气或氧含量过高时，会引起燃爆事故。如果氮气中含氧量较高，或者氮气压力过低乃至断气，极易造成事故。轻者，造成热处理炉内钢板或零部件氧化，出废品；重者，形成爆炸性混合物，触发恶性燃爆事故。因此，氮压机作业对氮气的纯度、压力有严格要求，要保质、保量、连续稳定地供应。

（6）氧气管道应符合《深度冷冻法生产氧气及相关气体安全技术规程》（GB 16912—2008）8（氧气管道）的规定。

（7）氧气管道主要安全技术要求：氧气管道及液氧管道要可靠地接地，接地电阻小于 10Ω，要防止雷电及摩擦引起的静电感应，以免引起燃烧事故。氧气阀门必须严格脱脂，工作压力高于 1.6MPa 的应使用铜合金或不锈钢阀门，工作压力低于 1.6MPa 的可使用锻铸铁、球墨铸铁或钢制阀门。不准使用闸板阀，因闸板滑槽易存铁锈，关不严，操作时挤压滑槽铁锈，易引起燃爆事故。与氧接触的部位严禁用可燃材料制作。氧气管道要除锈与脱脂。大口径氧气管道一般用喷砂工艺除锈和脱脂，也有在喷砂后再用四氯化碳浸泡脱脂的。小口径氧气管道一般用四氯化碳灌泡、清洗脱脂，以防止氧气管道燃爆事故。氧气管道的焊接应采用氩弧焊或电弧焊（一般用氩弧焊打底，减少焊渣），必须确保焊接质量。焊缝全部要做外观检查，并抽查15%做无损探伤（超声波探伤

或射线探伤）。管道要做强度试验、气密性试验，并用无油氮气或空气对管路进行吹刷。

案例 3　未有效切断煤气导致电滤器检修爆炸事故

事故经过

2006 年 11 月 29 日，某钢铁公司动力厂四车间煤气站燃气大班陈某、尧某等三名电工和工段技术员在检修煤气站 2 号二级电滤器时，发生煤气爆炸事故。陈某从 13.5m 高的工作平台上坠落，经医院抢救无效死亡；尧某受轻伤。

事故分析

事故的直接原因是检修作业人员没有按《工业企业煤气安全规程》（GB 6222—2005）的规定有效切断进入电滤器的煤气；在检修时未将电滤器上下人孔打开；对电滤器检修前的吹扫和蒸汽置换作业时间不足 20min；未按要求在检修前进行煤气浓度检测的情况下，通电检查电滤器，产生电火花，造成电滤器内煤气发生爆炸。

事故防范

（1）要防止煤气爆炸事故，控制煤气与助燃气体的混合至关重要。因此，要求煤气设备、管道在正压下操作，保持其严密性，特别是回收煤气，应严格掌握煤气中的含氧量，一旦超过规定要求，应立即停止回收。

（2）对停止运行的煤气设备、管道，一般采取保压处理，长期停用的设备，应进行置换，可用氮气或蒸汽进行吹扫，经测定后应符合安全要求。经处理后的设备、管道还应打开足量的闷盖、人孔，一方面可以接通大气，使设备、管道内部与大气产生对流，另一方面在万一发生爆炸时，可有足够的泄压面积，不至于损坏煤气设备。

（3）煤气爆炸事故除在正常生产时由设备故障、操作失误等引起外，煤气设施的动火作业也容易发生事故。因此，动火管理工作执行应相当严格。不论是经过置换后常压动火，还是带压动火，控制不当都会发生。经过置换后的煤气设备动火前，应进行取样分析和爆发实验，符合动火安全要求后方能动火，在办理好动火手续后，现场应有专人监护，连续进行动火作业，应当每2h检测一次煤气和氧气含量。动火完毕后应及时清理火种，并应有认可手续。带压动火应严格控制煤气压力，要有专人监视，一旦发现压力波动较大，应立即通知停止作业。

案例4　管道盲板没有固定，进罐检修缺氧窒息事故

事故经过

2006年4月13日，某钢铁公司动力厂检修车间开始对水站2号旁滤器进行月度计划检修，因其他原因4月15日停止检修。

4月26日恢复对水站2号旁滤器的检修。

4月26日8：35，厂部调度会后，检修车间钳工二班开始对水站2号旁滤器进行检修。

8：50，水站岗位职工张某和魏某在对3号旁滤器进行反冲洗时，看到检修车间钳工二班班长林某等人前来进行检修，告诉林某，让他们等待反冲洗结束后再来检修。林某回答可以，他们进行加盲板作业。

9：05，林某带领朱某等组员登上2号旁滤器，林某从2号旁滤器罐顶人孔顺着罐内梯子进到罐内后，立即窒息倒地，联保互保人员副班长朱某在罐口见状后下去拉林某，也当即倒在罐内，检修工人朱某某见此情景后马上让职工张某到车间向车间领导报告情况。

9：10，车间从充氧站搬来氧气瓶向罐内吹富氧，并打开罐底人孔处的轴流风机对罐内进行通风，随后职工马某下到罐内，在朱某某、刘某、张某等人的协助下将罐内两名职工救出，两人均因抢救无效死亡。

事故分析

（1）事故发生的直接原因是在进行2号旁滤器检修时，加装的氮气管道盲板没有固定，导致3号旁滤器进行反冲洗时，氮气泄漏渗入2号旁滤器内，检修人员进罐前也没有进行强制通风换气，造成2号旁滤器内缺氧。

（2）运行岗位职工对本岗位检修工作安全确认落实不力，是事故发生的重

要原因。

（3）动力厂和检修车间领导安全制度落实不到位，安全工作管理不严不细，对职工的安全教育不够，也是事故发生的原因之一。

事故防范

（1）《有限空间安全作业五条规定》（国家安全生产监督管理总局令第69号公布）规定：1）必须严格实行作业审批制度，严禁擅自进入有限空间作业；2）必须做到"先通风、再检测、后作业"，严禁通风、检测不合格作业；3）必须配备个人防中毒窒息等防护装备，设置安全警示标识，严禁无防护监护措施作业；4）必须对作业人员进行安全培训，严禁教育培训不合格上岗作业；5）必须制定应急措施，现场配备应急装备，严禁盲目施救。

（2）《工贸企业有限空间作业安全管理与监督暂行规定》（国家安全生产监督管理总局令第59号公布）第十九条规定，要求工贸企业有限空间作业应当符合下列要求：1）保持有限空间出入口畅通；2）设置明显的安全警示标志和警示说明；3）作业前清点作业人员和工器具；4）作业人员与外部有可靠的通讯联络；5）监护人员不得离开作业现场，并与作业人员保持联系；6）存在交叉作业时，采取避免互相伤害的措施；7）在有限空间作业过程中，工贸企业应当对作业场所中的危险有害因素进行定时检测或者连续监测；8）作业中断超过30min，作业人员再次进入有限空间作业前，应当重新通风、检测合格后方可进入。

案例5 违反安全操作规程导致的氧气燃爆事故

事故经过

2013年7月30日6：40，某钢铁公司制氧厂乙班值班主任王某某接公司总调度员李某某通知，氧气主管网压力低，约0.5MPa。

6：50，丙班即将接班，王某某告诉丙班值班主任刘某某，调压间氧气气动薄膜调节阀存在故障，刘某某告诉王某某处理完调压间故障后再接班。于是王某某带领乙班电仪班长李某和3个空分班长共5人一同去调压间处理故障。刘某某在主控室看到氧气压力显示为2.2MPa，于是又安排本班空分班长王某、电仪班长韩某某去调压间协助乙班工作。

7：01，调压间突然发生爆炸着火。事故共造成7人死亡，1人受伤。

事故分析

此次事故的直接原因是现场作业人员未按《深度冷冻法生产氧气及相关气体安全技术规程》（GB 16192—2008）规定首先打开旁通管道手动截止阀，再关闭气动薄膜调节阀（气开式）两侧手动截止阀，便直接对气动薄膜调节阀进行带压操作，导致气动薄膜调节阀迅速打开，氧气瞬间流速过快，引起燃爆。

事故防范

氧气相关设施及操作应符合以下要求：

（1）氧气管道应有消除静电的接地装置，室外架空氧气管道在进入建筑物前应有接地。

（2）氧气压力表为专用压力表，不得以其他压力表代替。

（3）手动氧气阀门应缓慢开启，操作时人员应站在阀的侧面。采用带旁通阀的阀门时，应先开启旁通阀，使下游侧先充压，当主阀两侧压差不大于0.3MPa时再开主阀。

案例6 压力管道爆炸造成多人伤亡

事故经过

2007年8月11日，某气体公司对莱钢大道朱家庄段约100m的氧气管道进行加高改造，施工前对天元公司富氧管道出口总阀后、银山前区氧气总阀前、新区球罐处富氧总阀前，共三处加装盲板，并用氮气对管道进行了气体置换。

管道合茬完工后，8月12日9：00，副经理朱某通知调度金某说可以对改造管道进行气密试验了，金某便通知陶某开中压氮气阀门对氧气管道充压，经查氧气管道合茬处有一处漏点，降压后补焊漏点，再开中压氮气阀门充压查漏，确认无漏点后泄压，然后开始吹扫氧气管道，张某打开新区球罐处 DN80mm 中压氮气阀门，用氮气对合茬的氧气管道进行吹扫，先吹扫中压氮气阀门至天元气体公司一侧氧气管道，由运一车间沈某负责打开天元公司富氧管道出口阀门后朝上的 DN100mm 放空阀，间断吹扫几次后，吹出物不多，沈某用刷白漆的石棉板做靶子检查一下，并与调度金某共同确认已吹扫干净，便关闭 DN100mm 放空阀，结束吹扫。之后调度金某通知陶某吹扫中压氮气阀门至新区球罐处富氧总阀前氧气管道，仍由张某操作中压氮气阀门，万某操作新区球罐处富氧总阀前朝上的 DN80mm 放空阀，间断吹扫了几次，吹扫干净后，金某便安排其他工作人员抽除三处氧气管道上的盲板，恢复法兰连接。通知陶某打开中压氮气阀门对合茬的氧气管道充氮气，仍由张某操作中压氮气阀门，当用氮气对氧气管道充压至与系统氮气压力平衡时，关闭中压氮气阀门。

12：00，陶某安排职工侯某、万某、姜某在 7m 高的平台上开启新区球罐处富氧总阀，王某、李某、桑某在距氧气阀门北面约 20m 远的平台上给中压氮气管道堵盲板。陶某和安全员赵某在地面监护，侯某、蒋某缓慢将氧气阀门开了一圈后就开不动了（第一圈是虚扣），然后万某上来，三人共同开氧气阀门，缓慢开启五分之一圈时，听见管道内有响声，三人便停下来，当没有声音后，三人又开始开动，又听见有声音。这样前后用了约 15min，停了 5 次，当在第五次开了一圈后，发现阀门南边约 3m 处朝上的弯头上部焊缝处冒火花，紧接着就爆炸了，侯某、万某、姜某被炸落至地面，在距氧气阀门北面约 20m 远的另一处平台上给氮气管道堵盲板的王某、李某被爆炸的气浪打落至地面，桑某被变形的管道卡住右脚，爆炸过后桑某蹬开管道，顺着梯子下到地面。现场监护人员组织抢救，把受伤人员送往莱钢医院，万某、王某经手术抢救伤势稳定，姜某、李某、桑某伤势较轻，侯某经抢救无效死亡。

事故分析

（1）新区球罐处富氧总阀前后弯头数量多而集中，且管道落差大，由于施工后对管道吹扫不彻底，操作人员在开启氧气管道阀门时，氧气管道中聚集的铁锈等杂质，在高紊流的状态下，杂质之间、杂质与管道、弯头、焊缝等部位剧烈摩擦，产生火花，引起起火燃爆，是事故发生的直接原因。

（2）制定的方案不完善，未制定检修后完善的吹扫方案，吹扫方法不正确，吹扫时阀门未拆除，吹扫氮气流速低，对氧气管道吹扫不彻底，导致氧气管道内积聚的大量铁锈等杂质不能彻底吹扫干净，是事故发生的间接原因之一。

（3）氧气管道改造后，对氧气管道未能全面、彻底地处理干净，是事故发生的间接原因之二。

事故防范

（1）在对氧气管道进行改造时，必须办理许可手续，建立完善的管理方案，施工时要向当地质量技术监督局办理书面告知、安装备案手续，施工及验收过程中要向当地质量技术监督局中请对氧气管道的安装质量进行监督检验，确保施工质量。

（2）氧气管道吹扫时，要按正确的吹扫方法，吹扫时拆除阀门，彻底地吹扫合格后，方可进行作业。

（3）氧气管道、阀门等与氧气接触的一切部件，安装前、检修后应进行严格的除锈、脱脂。

（4）氧气管道安装后应进行压力及泄漏性试验。

案例 7 不会使用呼吸器造成窒息死亡

事故经过

2009 年 9 月 20 日 22：00，某钢铁公司煤气管网排水器发生煤气泄漏，调度室让兼职气防员去处理。3 人赶到现场佩戴上呼吸器向事故岗位先后走去，其中1 人由于不熟悉呼吸器的使用边走边调节呼吸器并落在最后，还没到岗位就倒了下去。由于前两人走在前面，没有发现，等事故处理完成后寻找时才发现其倒在路上，将其抬离现场后经抢救无效死亡。

事故分析

该气防队员未掌握呼吸器使用方法，在佩戴好呼吸器后没开气瓶阀门导致缺氧窒息死亡。

事故防范

《工业企业煤气安全规程》（GB 6222—2005）4.11 规定：应对煤气工作人员进行安全技术培训，经考试合格的人员才准上岗工作，以后每两年进行一次复审。煤气作业人员应每隔一至两年进行一次体检，体检结果记入"职工健康监护卡片"，不符合要求者，不应从事煤气作业。

规程解读：煤气工作人员应掌握煤气基本性质、防护救护知识及岗位安全技术操作规程，并考试合格后方可上岗。

案例 8   放散煤气不点燃致多人中毒

事故经过

2010 年 12 月 28 日 10：25，某钢铁公司炼钢厂因转炉煤气用户检修造成不能回收，转炉煤气通过 30m 高的放散塔放散。因为风大，点火器两次点火都没有成功，造成转炉煤气直接放散，煤气向下风侧飘散，致使在下风侧进行室外作业的 12 名外协工煤气中毒。

事故分析

点火装置维护不善，造成煤气无法点燃，放散的转炉煤气飘到施工区域是造成 12 人中毒的直接原因。

放散塔高度较低，放散煤气时影响距离近，是造成此次事故的间接原因。

事故防范

（1）《工业企业煤气安全规程》（GB 6222—2005）第 4.14 条规定：剩余煤气放散装置应设有点火装置及蒸汽（或氮气）灭火设施，需要放散时，一般应点燃。

（2）《关于进一步加强冶金企业煤气安全技术管理有关规定》（安监总管四[2010] 125 号文件印发）九规定：过剩煤气必须点燃放散，放散管管口高度应高于周围建筑物，且不低于 50m，放散时要有火焰监测装置和蒸汽或氮气灭火设施。

（3）应定期检查剩余煤气放散的点火装置和灭火设施，并加强检查和维护，确保完好。

案例 9　自卸车撞断管道引发重大煤气事故

事故经过

1995 年 3 月 30 日 15：30，某公司汽车运输公司赵某某驾驶自卸车到某钢铁公司二钢厂运输钢渣，当其将第二车钢渣运到二钢厂钢渣场卸完后，在车斗未复原位的情况下，即驾驶自卸车返回。

18：50，当车行驶至铁合金厂厂门西侧渣山路与铁道交叉处时，未落下的车斗将横跨厂区道路上方离地面净空高度 4.3m、直径 610mm 的由二钢厂通往铁合金厂的一根高炉煤气管道撞断，造成煤气大量外泄，同时还将煤气管上方并排的氮气、焦炉煤气、蒸汽三根管道撞弯。

事故共造成 66 人煤气中毒，其中 11 人死亡。

事故分析

（1）赵某某在车斗未复原位，不下车观察的情况下即驾车返回，忽视安全，违反自卸车的操作规程是导致此次伤亡事故的直接原因。

（2）管道标高不符合安全要求，未做防撞护栏是事故的间接原因。

事故防范

（1）大型企业煤气输送主管管底距地面净距不宜低于 6m，煤气分配主管不宜低于 4.5m，山区和小型企业可以适当降低。

（2）厂区主要煤气管道应标有明显的煤气流向和种类的标识。

（3）所有可能泄漏煤气的地方均应挂有提醒人们注意的警示标志。

（4）煤气管道宜涂灰色。厂区主要煤气管道应标有明显的煤气流向和种类标识，横跨道路煤气管道要标示标高，并设置防撞护栏。

案例 10 煤气进入蒸汽管道造成中毒事故

事故经过

2008 年 1 月 19 日 15：00，某公司炼铁厂四高炉车间热风炉工朱某某下班，前往车间综控室四楼厕所内的临时浴室，准备去洗澡，刚走到厕所门前就昏倒在地，后经煤防站救助送往当地医院抢救无效死亡。

事故分析

（1）该公司炼铁厂检修蒸汽阀门时，未采取可靠的隔断措施，当蒸汽管泄压后，高炉炉顶的煤气窜入蒸汽管网内，经蒸汽管道进入四高炉车间综控室四楼厕所内浴室，并向该楼层过道、办公室、更衣室扩散。

（2）项目承包单位在该公司高炉蒸汽包及蒸汽管网设计、施工中存在严重缺陷。按规定应采用"软连接"，而实际全部是采用"硬连接"的方式，又未安装可靠的隔断装置。

事故防范

（1）《工业企业煤气安全规程》（GB 6222—2005）7.5.1 规定了煤气设备及管道应安设蒸汽或氮气管接头的几种情况：停、送煤气时需用蒸汽和氮气置换煤气或空气者；需在短时间内保持煤气正压力者；需要用蒸汽扫除萘、焦油等沉积物者。

（2）《工业企业煤气安全规程》（GB 6222—2005）7.5.2 规定：蒸汽或氮气管接头应安装在煤气管道的上面或侧面，管接头上应安旋塞或闸阀。为防止煤气窜入蒸汽或氮气管内，只有在通蒸汽或氮气时，才能把蒸汽或氮气管与煤气管道连通，停用时应断开或堵盲板。

案例 11　带煤气作业导致的爆炸事故

事故经过

2010 年 11 月 13 日上午，某焦化厂在鼓风机厂房内进行组织鼓风机出口盲板拆除作业。

11：00，因蝶阀关闭不严，在松开法兰抽盲板作业中造成焦炉煤气大量泄漏。

11：45，在抽取盲板过程中现场起火，随即发生爆炸。

事故分析

（1）鼓风机蝶阀关闭不严，造成煤气大量泄漏，煤气与空气混合在厂房内形成爆炸性气体。

（2）厂房内的防爆操作箱因缺螺栓密封不严，部分煤气通过防爆操作箱盖板的间隙进入防爆操作箱内部，防爆操作箱内部因电火花引燃或引爆防爆操作箱内部可燃气体，并引燃周围空间的煤气，迅速造成整个厂房发生爆炸。

事故防范

（1）《工业企业煤气安全规程》（GB 6222—2005）10.2.5 规定：带煤气作业或在煤气设备上动火，应有作业方案和安全措施，并应取得煤气防护站或安全主管部门的书面批准。

（2）《工业企业煤气安全规程》（GB 6222—2005）10.2.6 规定：带煤气作业如带煤气抽堵盲板、带煤气接管、高炉换探料尺、操作插板等危险工作，不应在雷雨天进行，不宜在夜间进行；作业时应有煤气防护站人员在场监护；操作人员应佩戴呼吸器或通风式防毒面具，并应遵守下列规定：工作场所应备有必要的联系信号、煤气压力表及风向标志等；距工作场所40m内，不应有火源并应采取防止着火的措施，与工作无关人员应离开作业点40m以外；应使用不发火星的工具，如铜制工具或涂有很厚一层润滑油脂的铁制工具；距作业点10m以外才可安设投光器；不应在具有高温源的炉窑等建、构筑物内进行带煤气作业。

（3）带煤气作业除制定作业方案和安全措施，还应制定切实可行的现场应急处置方案。煤气监护人员应注意风向和附近作业人员，防止下风侧人员中毒。

案例 12　未采取可靠切断措施导致的煤气中毒事故

事故经过

2010 年 1 月 4 日，某钢铁公司炼钢分厂 2 号转炉与 1 号转炉的煤气管道完成连接后，未采取可靠的煤气切断措施，使转炉气柜煤气泄漏到 2 号转炉系统中，造成正在 2 号转炉进行砌炉作业的人员中毒。事故造成 21 人死亡、9 人受伤。

该公司炼钢分厂运行中的 1 号转炉煤气回收系统与在建的 2 号转炉煤气回收系统共用一个煤气柜；与在建的 2 号转炉连通的水封逆止阀、三通阀、电动蝶阀、电动插板阀（眼镜阀）仍处于安装调试状态。

1 月 3 日上午，1 号转炉停产，为使 2 号转炉煤气回收系统与现有系统实现工程连通，公司在将 3 号风机和 2 号风机煤气入柜总管间的盲板起隔断作用的盲板切割出约 500mm×500mm 的方孔时，发生 2 人中毒死亡事故，施工人员随即停工。

事故现场处置后，当班维修工封焊 3 号风机入柜煤气管道上的人孔（未对盲板上切开的方孔进行焊补），当班风机房操作工给 3 号风机管道 U 形水封进行注水，见溢流口流出水后，关闭上水阀门。

13：00，1 号转炉重新开炉生产。

1 月 4 日 8：00，2 号转炉同时进行砌炉作业。

10：50，泄漏进入 2 号转炉的煤气造成正在 2 号转炉进行砌炉作业的人员煤气中毒。事故造成 21 人死亡、9 人受伤。

事故分析

（1）在 2 号转炉回收系统不具备使用条件的情况下，割除煤气管道中的盲板，煤气柜内（事故时 1 号转炉未回收）煤气通过盲板上新切割的 500mm×500mm 的方孔击穿 U 形水封，经仍处于安装调试状态的水封逆止阀、三通阀、电动蝶阀、电动插板阀充满 2 号转炉（正在砌炉作业）煤气回收管道，约

10：50，煤气从3号风机入口人孔、2号转炉一级文氏管溢流水封和斜烟道口等多个部位逸出。

（2）U形水封排水阀门封闭不严，水封失效，导致此次事故的发生（从1月3日13：00注水完毕至1月4日10：20，经过约21h的持续漏水，U形水封内水位下降，水位差小于27.5cm，失去阻断煤气的作用）。

（3）U形水封未按图纸施工，未装补水管道，存在事故隐患。

事故防范 ➤➤➤

（1）加强企业外协施工队伍的安全管理，认真审核外协单位和人员的资质，严格准入条件，并依法签订安全生产管理协议，明确双方的安全生产权利与义务。

（2）做好设备检测检验、职工的安全教育培训，配足配齐便携式煤气报警仪、空气呼吸器等装备，切实消除安全隐患，坚决避免同类事故重复发生。

（3）U形水封必须设置补水管路和逆止阀。

案例13 违规冒险进入气柜造成的中毒事故

事故经过 ➤➤➤

2013年7月13日18：10，某钢铁公司150000m³高炉煤气柜区域发生一起煤气中毒事故，导致能源中心燃气车间调度值班长吴某某经抢救无效死亡。

2013年7月13日11：00，燃气车间主任申某某在车间巡视检查，发现150000m³高炉煤气柜油压异常，且活塞上CO浓度超标。经过检查、调整回油量、观察油位变化后，随即电话通知车间内部调度吴某某（气柜班班长）派人检查。随后，吴某某、黎某某、李某某、蒋某某四人分别赶到事发车间。

14：00，气柜活塞落底，退出运行。

16：40，吴某某对四人进行了分工，自己和蒋某某进柜内检查，黎某某和李某某在柜外监护。

17：00，在打开气柜人孔后，吴某某用便携式煤气报警仪进行检测，听到便携式煤气报警仪报警声，吴某某意识到柜内还有煤气，于是安排大家到车间办公室休息。

18：00，吴某某四人各自佩戴空气呼吸器、并携带便携式煤气报警仪和手电筒等工器具，准备按照事先分工安排进气柜检查。吴某某先上到人孔平台，由于人孔太小，佩戴空气呼吸器不便进去，吴某某试图先进入气柜，再佩戴空气呼吸器。待蒋某某上到气柜人孔平台后，见吴某某已进到气柜内，并已背好空气呼吸器，但还未戴好呼吸器面罩。随后，蒋某某突然听到一声响，看到吴某某斜躺在气柜活塞油槽之间，经施救后，吴某某终因抢救无效死亡。

事故分析

吴某某在组织检查煤气柜油位故障且需要进入气柜内检查作业时，未制定煤气区域有限空间作业方案；未采取将其他人孔打开等有效对流通风措施对气柜活塞上部空气进行充分置换，致使气柜活塞上部残余煤气未彻底放散；经多次检查明知在气柜活塞上部有较高浓度的煤气，而且人孔太小，佩戴空气呼吸器不便进去的情况下，违规、冒险进入气柜，是事故发生的直接原因。

事故防范

（1）切实加强各级管理人员、煤气设施检修人员、煤气作业人员的煤气安全专业知识、煤气管理制度、有限空间作业管理制度的教育培训，提高员工安全意识和防范技能，严格按煤气安全操作规程、检修作业规程作业，确保各类煤气设施操作和检修作业安全。

（2）严格落实《工贸企业有限空间作业安全管理与监督暂行规定》（国家安监总局令第59号公布），切实加强煤气等要害部位和有限空间作业的安全管理，严格按照《有限空间作业管理制度》规定进行有限空间作业许可审批；严格落实有限空间作业方案和安全措施，作业时严格按照规定程序作业。

（3）严格执行《工业企业煤气安全规程》（GB 6222—2005），加强煤气设施检修作业管理，煤气设施停煤气检修时必须可靠地切断煤气来源并将内部煤气吹净。长期检修或停用的煤气设施，必须打开上、下人孔及放散管等，保持设施内部的自然通风。带煤气作业或在煤气设备上动火，必须要有作业方案和安全措施，并要取得煤气防护站或安全主管部门的书面批准。

（4）加强煤气作业应急管理工作；落实煤气应急救援设施的配备、维护；定期组织煤气事故应急救援预案的培训、演练，提高员工防煤气中毒的自我保护能力，坚决杜绝因施救不当造成事故扩大或衍生事故发生。

案例 14 翻盲板作业过程中出现的煤气中毒事故

事故经过

2013 年 12 月 9 日，某钢铁公司动力厂煤气工段在对其铸铁机南侧天然气与转炉煤气管道转换阀组进行翻盲板作业过程中造成 2 人煤气中毒，其中 1 人经抢救无效死亡。

事发地点位于动力厂铸铁机南侧转换阀组操作平台，平台上方布置有煤气、天然气等管道。该平台高 4.35m，西侧有一钢质扶梯通向平台，平台东西长 7.1m，南北宽 3.84m，紧贴平台上方呈东西方向敷设煤气管道和天然气管道，煤气管道两端装有电动蝶阀，间距约 1.65m，中间为盲板阀，盲板阀两侧各有 1 根向上伸出的放散管。

2013 年 12 月 9 日 9：00，动力厂煤气工段进行天然气管道勾头检修作业，需提前对阀门、放散管和氮气吹扫装置进行检查确认。

12：12，煤气工段段长赵某某用对讲机与煤气调度卜某某联系，让其确认 023 号和 025 号蝶阀是否处于关闭状态，卜某某确认两阀门处于关闭状态后用对讲机告知赵某某。

12：15，赵某某用对讲机通知于某某安排人到转炉煤气与天然气转换阀组操作平台（以下简称转换阀组）检查确认 024 号盲板阀阀门开关位置，如果盲板阀在通路位置，就组织人员翻到盲路。

12：20，赵某某与么某某一起去天然气站，从转换阀组操作平台经过时，看到本工段皮卡车停在平台下东侧，在下面看不到平台上的人，赵某某就上到平台，看到康某在转换阀组北侧斜靠在管路上，于是紧急大喊么某某快上来。么某某听到赵某某声音异常，赶紧跑上平台，看见康某跪在平台上，上身向后仰靠在北侧煤气管道上，于某某在盲板阀南侧，身体蜷缩在平台上。

事故发生后，么某某先把盲板阀进一步夹紧，然后边呼喊边检查于某某状况，发现没有呼吸，随将于某某抬至平台北侧放平，对其做人工呼吸抢救。与此同时赵某某用对讲机呼叫煤气调度、联系煤气急救人员到现场急救，并送附近医院抢救，康某中毒较轻，经抢救脱离生命危险，于某某中毒较重经抢救无效死亡。

事故分析

于某某、康某两人在翻盲板作业过程中，未佩戴正压式空气呼吸器、未将放散管开启就直接将盲板阀打开，导致管内天然气与转炉煤气混合气外泄，造成2人煤气中毒，致1死1伤，是事故的直接原因。

事故防范

（1）《工业企业煤气安全规程》（GB 6222—2005）10.2.6规定：带煤气作业如带煤气抽堵盲板、带煤气接管、高炉换探料尺、操作撬板等危险工作，不应在雷雨天进行，不宜在夜间进行；作业时，应有煤气防护站人员在场监护；操作人员应佩戴呼吸器或通风式防毒面具。

（2）严格执行煤气危险作业申请票制度。

（3）作业现场阀组操作平台设置风向标、警戒线等安全设施。

（4）加强对职工的安全教育和培训，未经安全教育培训合格的，不得上岗作业。要进一步强化煤气危险作业的安全管理，严禁无票进行煤气危险作业。严格执行条件确认、作业许可、安全措施、劳动保护、现场监护，确保煤气危险作业安全，杜绝"三违"现象。

案例15　冒险作业、盲目施救造成的2人煤气中毒事故

事故经过

2014年3月23日，某钢铁公司高速线材厂员工在处理加热炉煤气阀站盲板阀故障时发生一起煤气中毒事故，造成2人死亡，17人受伤。

2014年3月13日，事发的高速线材厂全线停产检修。3月23日该厂开始做复产准备。

7：40，厂长纽某某向总调度室汇报准备工作已完成。

8：30，总调度室指挥开始向线材厂输送煤气。

9：10，纽某某在启动煤气阀站的阀门时，盲板阀未开启成功。纽某某便带1人前往阀站检查，监护人员检查发现阀站附近有煤气泄漏，但纽某某不顾劝阻去

阀站处理盲板阀故障，随即晕倒在阀门边，现场监护人员立即报告公司。

9：38，公司关停全公司煤气管网，并组织人员开始施救，应急处置不当造成施救人员中毒，其中2人经抢救无效死亡，17人中毒。

事故分析

事故的直接原因是违章作业。在调节阀开启状态下，盲板阀承受管道内煤气压力较大，致使盲板阀驱动电机烧坏，盲板阀未完全打开，使得煤气从盲板阀内扇形阀板与阀体的孔缝间逸出，导致未采取防护措施的处理盲板阀故障的纽某某等人中毒。救援人员在未采取有效防护措施的情况下盲目施救导致事态扩大。

事故防范

（1）开展煤气作业安全培训，使冶金煤气作业及相关人员熟练掌握煤气作业风险、岗位安全操作技能、现场煤气检测与监控、防护装备使用与维护、煤气事故处置与救援等知识，确保煤气作业人员考核合格并持证上岗，禁止非专业人员盲目施救。

（2）加强煤气作业现场管理，必须实行严格的审批管理制度，现场操作人员必须配备正压空气呼吸器和便携式煤气报警仪；作业现场必须配备监护人员；发生作业人员中毒事故必须由专业人员施救。

（3）在复产时必须制定复产引煤气方案。

案例16　高炉煤气放散塔熄火险肇事故

事故经过

2006年5月20日14：00，某钢铁公司安全部人员在理化楼409室办公时，身上携带的便携式煤气报警器突然报警，数值达48μL/L。安全部马上与能源中心煤气防护站联系，要求派人巡线察看漏点。煤气防护站人员经过巡查没有发现管道泄漏。此时安全部和防护站人员怀疑是炼铁厂48m放散塔熄火造成的。煤气防护站人员立刻与能源中心煤气调度联系，要求炼铁厂确认48m放散塔有无熄火。经煤气调度反馈，没有熄火。这时煤气报警器数值还有显示，说明还有煤气泄漏。安全部立即派现场的煤气防护站人员到48m放散塔顶确认。经与热风操作人员上塔确认已熄火，随即热风操作人员点燃放散塔火炬。

事故分析

（1）违反了该公司制定的《高炉修风、复风时煤气放散安全管理暂行规定》。其中第二条第二款规定：热风炉主控室值班人员必须注意放散塔燃烧情况，每10分钟巡视一次，如有异常及时通知生产处总调、能源中心煤调、高炉作业长及相关人员；第三条第六款规定：高炉热风操作人员必须与煤气调度结合焦炉煤气的供给情况，保证放散点火装置的气源。

（2）炼铁厂安全管理工作不到位，安全问题考虑不全面，未考虑放散塔压力低可能熄火的安全风险。

（3）传达信息不准确，安全确认制未真正落实到位。

事故防范

（1）严格执行《高炉修风、复风时煤气放散安全管理暂行规定》。
（2）加强各级人员的技能培训。
（3）严格执行巡检制度，发现隐患及时解决。
（4）定期检查放散塔熄火检测装置，保证点火器和气源的可靠工作。

案例17　防爆膜突然破裂导致的中毒事故

事故经过

2007年2月28日2：00，某钢铁公司生产处总调度室通知3号高炉值班作业长刘某，外网煤气压力高，要求打开调压阀组后煤气放散阀。3号高炉值班作业长通知热风工张某调节煤气放散阀开度，张某将放散阀打开30%左右。

5：00，能源中心煤气柜操作工李某发现煤气外网压力已上升到28kPa，于是将炼钢风机房后面放散阀打开，随后向值班调度长纪某汇报，纪某要求如管网压力再升立即报告总调室。

　　6：00，煤气操作工李某再次通知总调室，外网煤气压力已升至35kPa，纪某接电话后，通知炼铁3号高炉热风工张某继续增加放散阀开度，但张某却因忘记而未执行总调度室指令。

　　6：35，烧结厂竖炉作业区作业长梁某在科技楼二层值夜班起床后，感觉空气有异味，怀疑楼内有煤气，立即下楼进行确认，发现科技楼西南3号高炉外网煤气管道防爆阀防爆板爆裂，煤气泄漏。

　　6：40，梁某通知烧结值班调度吴某。吴某立即通知烧结、竖炉主控室检查是否煤气超标，同时通知炼铁值班调度刘某检查高炉是否有煤气泄漏。

　　6：50，炼铁值班调度刘某给吴某回电话：经热风工检查未发现煤气泄漏，并说已让维修工继续检查。

　　7：05，炼铁厂取样工潘某到科技楼三层送焦炭样，发现化验员郭某神志不清，另外有人倒在地上，立即给总调度室打电话报告情况，请求立即救人。

　　7：08，总调度室值班调度长纪某接到炼铁化验室电话后意识到是煤气中毒，立即通知煤气防护站煤气防护员、保卫处值班经警到现场救护并通知高炉紧急放散煤气，随后赶赴事故现场组织救援。煤气防护站煤气防护员刘某、朱某接电话后立即携带抢救工具赶赴事故现场，到科技楼门口时看到在门口通风处躺着3个人，马上采取抢救，然后配合其他救援人员逐楼层进行搜救，在四层卫生间门口发现炼铁厂副厂长孙某因煤气中毒晕倒，随即抬下楼进行抢救，并由总调度室安排车辆将孙某和其他中毒人员一起送往医院抢救，孙某经抢救无效死亡，其余中毒人员已经治疗出院。

事故分析

　　（1）3号高炉外网煤气管道设计有防爆膜，厚度为1.0mm，承压100kPa，在使用过程中防爆膜边缘出现了明显点蚀，未及时更换，致使防爆阀防爆膜承压能力不够，在较低压力下爆裂，煤气泄漏。

　　（2）炼铁厂热风工张某未执行总调度室要求、增加调压阀组后煤气放散开度的总调指令，没有继续调节煤气放散开度，增加了管道压力的积聚升高速度。

　　（3）总调度室烧结值班调度吴某在接到3号高炉外网煤气管道防爆阀防爆板已爆裂，煤气泄漏的报告后，只通知炼铁值班调度刘某对3号高炉是否有煤气泄漏进行检查，却没有按公司有关安全预案规定及时向公司总调度室值班调度长汇报，也没有准确通知相关部门对防爆板进行修复并采取防护措施，致使煤气继续泄漏达 20 余分钟，是事故损失扩大的主要原因。

（4）能源中心在轧钢加热炉调节煤气用量致使煤气外网压力升高到 30kPa 以上达 25min，煤气放散调节作用不明显，而后压力突然下降到 10kPa 以下达 20min 的长时间内，未履行外网巡查职责及时安排煤气防护人员对管网进行巡查，煤气泄漏点发现不及时，致使煤气长时间外泄，是事故损失扩大的另一原因。

事故防范

（1）对厂内特种设备、压力管网、危险源点进行全面检查，尤其对 3 号高炉外网煤气管道防爆阀防爆膜的检查和更换时间进行明确规定，对存在隐患制定整改方案和措施，明确整改期限和责任人。

（2）强化执行"紧急事故应急救援预案"力度，组织进行全员异常事故处理快速反应培训和演练，提高员工安全防范意识和异常事故处理反应能力，有效预防和降低事故伤害程度。

（3）加强煤气防护站建设，完善煤气管网巡检报告制度，对防护人员进行业务素质培训，提高应急事故处理和防护救援能力。

（4）制定公司专职安全人员及全员安全培训计划，提高安全员的专业素质，提高安全员对生产过程中的不安全因素的预知、预防、预控能力及职工安全防范意识。组织公司全体员工对有害气体常识、危害、性能、处理、防护、救护进行培训，使公司全员对有害气体相关知识进行全面了解和掌握。

案例 18　点火作业未确认造成的爆炸事故

事故经过

某钢铁公司在建电厂燃气锅炉安装项目在完成烘炉、煮炉后，按照工程进度计划和调试大纲要求，应于 2004 年 9 月 21 日进入锅炉蒸汽吹管阶段。2004 年 9 月 23 日 16：00，在锅炉点火瞬间，炉膛及排烟系统发生爆炸，造成锅炉、管道、烟囱等设备垮塌，设备严重损毁，造成 13 人死亡，8 人受伤，直接经济损失 630

余万元。

事故锅炉的型号为 JG-75/3.82-Q，额定蒸发量为 75t/h，额定蒸汽压力为 3.82MPa，额定蒸汽温度为 450℃，为 12MW 汽轮发电机配套。锅炉采用露天布置，燃料为焦炉煤气和高炉煤气，在调试阶段使用焦炉煤气。事故造成锅炉钢梁扭曲，锅筒严重位移，前墙水冷壁呈 S 形向炉膛内侧成排弯曲，后墙冷水壁呈侧 V 形弯曲，左右侧水冷壁扭曲呈撕裂状。左侧第三层平台步道飞出约 20m，砸在烟囱南侧平房东南铁栏杆后散落到地面，其他平台和扶梯扭曲变形悬挂在空中。尾部烟道（含省煤器、空气预热器）整体向东倾斜约 30°，连接管道全部扭曲。炉墙和管道保温全部损坏。引风机损坏，引风机外壳上部飞出约 10m，送风管道变形撕裂。60m 高的烟囱上部炸毁仅剩底部不足 1/3。其他锅炉的本体管道、集箱均扭曲变形或移位。主控室被锅炉前墙水冷壁冲击挤压，严重变形，电控柜位移，主控室和汽机房门窗玻璃全部损坏，塑钢窗掉落。锅炉左右侧燃气管道扭曲严重，多处破裂。

事故分析

（1）事故的直接原因是事发当日锅炉点火前，DN40mm 的焦炉煤气主切断阀打开后，操作人员检查、校验燃烧器前的 20 个电动闸阀（共分 4 组，每组 5 个 DN65mm）时间长达 15～20min。期间，左前 2 号、3 号，左后 3 号电动闸阀处于全开状态，致使大量燃气通过该 3 个电动阀进入并充满炉膛、烟道、烟囱，且达到爆炸极限，16：00 左右在点火试运行时引起爆炸。

（2）事故的间接原因是锅炉不具备点火运行条件：燃气管道上的电动阀的近台控制系统和远程集中控制系统（DCS）尚未调试合格，但却转入锅炉点火程序；点火前，对存在的缺陷是否消除，没有组织人员进行再确认；没有燃气锅炉运行安全操作方面的专门技术文件；尚未达到《调试大纲》规定的启动前应具备的条件。

（3）在点火前，未对炉内可燃气体浓度进行检测。该公司在燃气锅炉司炉岗位工作标准中未作规定，操作人员未按国家安全技术规范规定程序进行工作，致使炉膛烟道内存在大量可燃气体且达到爆炸极限的情况，未能及时发现。

（4）现场调试指挥系统管理混乱，调试单位不能有效履行职责，没有严格按指令程序进行操作。现场指挥擅离职守，进行点火调试等重大事件时，不在现场，出现指令错误或者操作单位（人员）无指令操作。点火前是否进行有效吹扫，是否达到吹扫效果，未予确认，导致炉膛烟道内聚集大量可燃气体（焦炉煤气），达到爆炸极限。

（5）有关单位未执行《蒸汽锅炉安全技术监察规程》（劳部发［1996］276号文件发布）第167条"用粉煤、油或气体作燃料的锅炉，必须装设可靠的点火程序控制和熄火保护装置"的规定。该炉的燃烧系统在调试时采用人工点火，未设计自动点火燃烧系统，燃气阀门开启控制状况混乱，手动与自动两套阀门控制系统无限定/转换装置，形成操作错误的条件。

（6）现场管理极其混乱，多个单位同时施工却未有效组织，导致点火时其他施工人员未能及时撤离现场，造成人员重大伤亡。

事故防范

（1）严格执行法规，禁止不具备锅炉调试资质能力的单位进行锅炉调试工作。

（2）对所有运行操作人员进行安全技术培训，考核合格才能上岗。

（3）强化现场责任制度，严密组织协调工作，坚决执行现场纪律，特别强化调试岗位纪律。指挥者必须履行职责，不得脱岗。无关人员不得进入现场。点火操作必须执行规定程序和方案，决不允许擅自行动。

（4）特种设备安全技术规范《锅炉安全技术监察规程》（TSG G0001—2012）6.6.6（点火程序控制与熄火保护）规定：室燃锅炉应当装设点火程序控制装置和熄火保护装置。并且满足以下要求：1）在点火程序控制中，点火前的总通风量应当不小于3倍的从炉膛到烟囱进口烟道总容积；锅壳锅炉、贯流锅炉和非发电用直流锅炉的通风时间至少持续20s，水管锅炉的通风时间至少持续60s，电站锅炉的通风时间一般应当持续3min以上。2）单位时间通风量一般保持额定负荷下的总燃烧空气量，电站锅炉一般保持额定负荷下的25%～40%的总燃烧空气量。3）熄火保护装置动作时，应当保证自动切断燃料供给，对A级锅炉还应当对炉膛和烟道进行充分吹扫。

（5）按规定设计和安装联锁保护装置，具备自动熄火保护条件，经安全监察部门检验合格后，方可使用。燃烧供给自动控制联合调试，必须在单项调试完毕确认达到设计要求后进行。单项或联合调试时，严禁手工点火。

案例 19 未按照工作指令执行造成的氮气窒息事故

事故经过

2008 年 1 月 17 日 15:00，某炼铁厂 2 号高炉热风工发现 7 号箱体内的布袋有损坏，于是通知高炉并停止使用 7 号箱体，改用 4 号箱体，安排四点班用氮气对箱体进行了吹扫。

1 月 18 日 7:15，热风技师付某，安排丙班热风班长杨某将 7 号箱体的上、下人孔打开，但不要进入。于是杨某领着另外两名热风工刘某、李某前去处理。先打开下部人孔再打开上部人孔后，用煤气报警仪测量箱体内部，显示正常。此时刘某要进入箱体检查布袋情况，杨某没有允许其进入。再次用煤气报警仪检测仍然显示正常，此时刘某再次说要进去看看布袋情况，随即就进入 7 号箱体内，杨某也就跟着进入 7 号箱体。这时刘某在箱体内侧人孔附近被熏倒，杨某随之也被熏倒，在外面的李某马上进行呼救，并将在人孔处的刘某拽出，这时听到消息的炼铁厂点检员温某、热风技师付某、2 号炉前班长王某及曹某、曲某、孙某等人赶到将杨某救出，此时煤气防护站救护人员也赶到现场并立即给伤者输氧抢救后送往医院。

事故分析

（1）事故的直接原因：1）热风工班长杨某没有严格遵守上级指令，炼铁厂热风技师付某在交代工作时已明确要求只打开人孔，不能进入箱体，但热风班长杨某没有按照工作指令执行；2）热风工刘某、杨某对氮气认识不足，违章用煤气报警器测量氮气，在进入箱体前没有通知煤气防护站进行检测、监护，自己擅自进入箱体。

（2）事故的间接原因：1）安全教育培训力度不够，岗位工对氮气知识了解不足；2）班长没有履行自己工作的安全职责，对班组成员违规行为没有进行有效制止；3）违反《工业企业煤气安全规程》（GB 6222—2005）第 10.2.2 条"进入煤气设施工作时，应检测一氧化碳及氧气含量。经检测合格后，允许进入煤气设施工作时，必须携带煤气及氧气监测装置，并采取防护措施，设专职监护人"的规定；4）炼铁厂安全管理存在漏洞，安全防护措施落实不到位。

事故防范

（1）严格执行《工业企业煤气安全规程》（GB 6222—2005）相关规定，落实安全措施，做好安全交底工作。

（2）提高员工安全意识，加强对员工进行有关氮气方面的教育培训。

（3）开展事故反思活动，将事故传达到每位员工，预防类似事故发生。

案例 20 违反安全规程造成的煤气中毒事故

事故经过

2009 年 8 月 21 日 19：25，某金属制品有限公司炼铁厂 1 号高炉主风机跳闸断电，高炉被迫休风。

19：45，故障排除，热风班开始对干式除尘器进行引煤气操作，用煤气置换除尘器箱体内空气，并在主控室依次关闭除尘器 1 号 ~ 7 号箱体 DN250mm 放散管气动蝶阀。

由于 7 号箱体 DN250mm 放散管气动蝶阀出现故障没有完全关闭，21：30，1 号高炉热风班 4 名工人上到 7 号箱体顶部实施人工关闭（当时正在下大雨）。煤气从没有关闭到位的 7 号箱体蝶阀处大量泄漏，造成除尘器箱体顶部煤气大量聚集，导致 4 人当场中毒。

21：50，在箱体下留守监护的闫某等 3 人怀疑箱体上面出现问题，在未切断煤气气源的情况下，未佩戴正压式空气呼吸器和便携式煤气报警仪贸然上到 7 号箱体顶部工作台查看情况，致使当中的 2 人相继倒下。6 名中毒人员经抢救无效死亡，1 人中毒较轻，经治疗后痊愈出院，事故直接经济损失 500 余万元。

事故分析

经调查分析，事故的直接原因是作业人员的违章指挥、违规作业。在 7 号箱体放散管气动蝶阀关闭不到位，未切断煤气气源，放散管仍处于放散状态的情况下，4 名作业人员未按照规定佩戴便携式煤气报警仪和正压式空气呼吸器，贸然上到 7 号箱体顶部实施人工关闭，造成 4 人当场中毒。而其他 3 名操作人员也未佩戴空气呼吸器和未采取任何安全防护措施,就盲目进行施救,造成中毒并导致事故扩大。同时,干式除尘器属煤气设备,净化介质是高炉煤气,操作人员上到除尘器顶部从事带煤气维修作业,本身是一种危险性比较大的作业,此次操作又在雨天和夜间进行,不符合《工业企业煤气安全规程》(GB 6222—2005)规定的"不应在雷雨天气进行,不宜在夜间进行"的要求,属违规作业,导致事故发生。

事故防范

(1)《工业企业煤气安全规程》(GB 6222—2005)4.10 规定:煤气危险区的煤气浓度应定期测定,在关键部位应设置煤气监测装置。作业环境煤气最高允许浓度为 30mg/m^3。

(2)《工业企业煤气安全规程》(GB 6222—2005)10.2.6 规定:带煤气作业如带煤气抽堵盲板、带煤气接管、高炉换探料尺、操作插板等危险工作,不应在雷雨天进行,不宜在夜间进行;作业时,应有煤气防护人员在场监护;操作人员应佩戴空气呼吸器或通风式防毒面具。

(3)发生事故时,应合理施救,禁止盲目施救造成事故扩大化。

案例 21　维修转炉底吹氩气窒息事故

事故经过

2014 年 6 月 30 日 4:50,某钢铁公司炼钢分厂转炉车间一钢包底吹用氩气的金属软管发生故障。耐材检修单位某建设公司安排人员去现场更换,随后两名检修人员在事故现场窒息,另一位监护人员救援时也发生窒息事故,3 人经医院抢救无效死亡。

事故分析

(1)事故直接原因是对惰性气体气源未有效切断、进入有限空间未通风置换、未进行检测确认氧含量贸然进入而造成的窒息事故。

(2)事故发生后盲目抢救造成了事故扩大化。

事故防范

（1）排查作业区域内所有的用气点，建档挂牌管理。

（2）规范有限作业空间作业审批，进入有限空间作业必须有效切断气源、并挂牌，进入前必须对氧含量和有毒有害气体含量进行检测；加强通风。

（3）检修作业配备氧气报警仪、空气呼吸器等检测、救护工具。

（4）对所有涉及岗位组织惰性气体（氮气、氩气）安全防范及应急处理培训；岗位工人对作业区域内用气点熟知，每班专人检查阀门、管道是否漏气，对炼钢渣道、精炼渣坑等通风不良区域设置强制通风。

（5）介质气体管道色标清楚，生产区域做好安全警示。

（6）发生此类事故后，必须科学合理抢救，严禁在没有任何保护措施下贸然抢救。

第七章 电气作业安全事故

DIANQI ZUOYE ANQUAN SHIGU

案例1　炼轧厂触电事故

事故经过

2008年6月20日白班，某钢铁公司炼轧厂五轧生产线精整打包区的8台轴流风机有2台出现故障不能正常运转。

9：50，精整区当班副作业长赖某某见此情况即与同班精整组长周某某一道，将两台已修好的轴流风机吊运至打包作业区准备更换。维修电工宋某来到精整打包区轴流风机处，另一名电工陈某某处理完水泵房变频器故障后正好从打包区经过。由于电源线的接头距离待接电源线的风机有一定距离，需要另加5m长，于是宋某便就地取了一段原有电缆且吩咐陈某某在近轴流风机一端接线，而自己则在近电源线的上一端接线。

10：05，精整打包操作工看见宋某摔倒且卧在地上抽搐颤抖，于是立即放下手头事务跑到宋某所在位置察看情况。经仔细观察后即意识到宋某可能是触电，便对在一旁接线的陈某某大声呼喊"停电"。听到呼喊声的陈某某立即站起来观看发生了什么事情，待其明白后立即跑到电源开关箱处把所有开关断开。宋某送往医院经抢救无效死亡。

事故分析

宋某在未实施停电验电挂牌的情况下就开始驳接电源线，当其接上一条火线并已包扎好绝缘胶布时，陈某某已将另一端三条火线对接好并开始包扎绝缘胶布，此时因绝缘鞋的作用，没有电流通过宋某的身体。而当宋某双手各捏一端裸露的火线进行驳接时，便形成了电流，从而造成电流流经心脏，导致触电身亡。

事故防范

（1）《电力安全工作规程　发电厂和变电站电气部分》（GB 26860—2011）6.3.1规定：直接验电应使用相应电压等级的验电器在设备的接地处逐相验电。验电前，验电器应先在有电设备上确证验电器良好。在恶劣气象条件时，对户外设备及其他无法直接验电的设备，可间接验电。330kV及以上的电气设备可采用间接验电方法进行验电。

（2）《电力安全工作规程　发电厂和变电站电气部分》（GB 26860—2011）6.3.2 规定：高压验电应戴绝缘手套，人体与被验电设备的距离应符合标准规定的安全距离要求。

（3）电压表不得作为设备无电压的根据，但如果指示有电，则禁止在该设备上工作。

（4）使用相应电压等级的专用验电器。验电器应良好，并在检修设备进出线两侧各相分别验电。严禁只验一侧或一相。

案例 2　缺乏安全意识，一人触电身亡

事故经过

2010 年 6 月 4 日，某钢铁股份有限公司棒线厂第二作业区待坯停产同步安排年度检修。接到电调通知，484 号进线电源及母线段已按停电手续正常停电，确认停电后，相关人员办理了工作票，开始检修作业。棒线厂设备管理部电气工程师段某某接到电修厂实验组人员反映，T05 的瓦斯继电器不动作，要求进行检查。段某某向电气工程师高某汇报后，两人一同去变压器房检查 T05 的瓦斯继电器。在此过程中，电修厂实验组人员又反映 T06、T08 的瓦斯继电器也不动作，要求检查。两人随即对 T05、T06 的瓦斯继电器进行检查，检查完后，段某某在打手机联系过程中，高某先行离开了 T06，当段某某接完电话走出 T06 时，发现 T07 变压器室门已敞开着，随即看到 T07 内有电弧光发出，赶到 T07 变压器室楼梯口时，发现高某已扑倒在变压器室内。救援人员激励断电后将高某送往医院，高某经抢救无效死亡。

事故分析

（1）高某安全防范意识不强，违反操作规程，造成触电身亡事故。

（2）电气检修检查、确认制度落实不到位，未认真执行停、送电及检修过程中电气设备的挂牌制度和确认制度。

（3）未履行电工作业安全监护要求，联保互保制度执行不到位。

（4）电工的特殊防护用品穿戴、使用不规范（绝缘鞋、绝缘手套、验电器等的使用和检验）。

事故防范

《电力安全工作规程 发电厂和变电站电气部分》（GB 26860—2011）6.5（悬挂标识牌和装设遮拦）明确规定：

（1）在一经合闸即可送电到工作地点的隔离开关操作把手上，应悬挂"禁止合闸，有人工作！"或"禁止合闸，线路有人工作！"的标示牌。

（2）在计算机显示屏上操作的隔离开关操作处，应设置"禁止合闸，有人工作！"或"禁止合闸，线路有人工作！"的标记。

（3）部分停电的工作，工作人员与未停电设备安全距离不符合标准规定时应装设临时遮栏，其与带电部分的距离应符合标准规定。临时遮栏应装设牢固，并悬挂"止步，高压危险！"的标示牌。35kV 及以下设备可用与带电部分直接接触的绝缘隔板代替临时遮栏。

（4）在室内高压设备上工作，应在工作地点两旁及对侧运行设备间隔的遮栏上和禁止通行的过道遮栏上悬挂"止步，高压危险！"的标示牌。

（5）高压开关柜内手车开关拉至"检修"位置时，隔离带电部位的挡板封闭后不应开启，并设置"止步，高压危险！"的标示牌。

（6）在室外高压设备上工作，应在工作地点四周装设遮栏，遮栏上悬挂适当数量朝向里面的"止步，高压危险！"标示牌，遮栏出入口要围至临近道路旁边，并设有"从此进出！"的标示牌。

（7）若室外只有个别地点设备带电，可在其四周装设全封闭遮栏，遮栏上悬挂适当数量朝向外面的"止步，高压危险！"标示牌。

（8）工作地点应设置"在此工作！"的标示牌。

（9）室外构架上工作，应在工作地点邻近带电部分的横梁上，悬挂"止步，高压危险！"的标示牌。在工作人员上下的铁架或梯子上，应悬挂"从此上下！"的标示牌。在邻近其他可能误登的带电构架上，应悬挂"禁止攀登，高压危险！"的标示牌。

（10）工作人员不应擅自移动或拆除遮栏、标示牌。

事故发生时此标准尚未发布，当时国家电网公司《电力安全工作规程（变电站和发电厂电气部分)》第 4.5 条［悬挂标示牌和装设遮栏（围栏)］的规定与此完全相同。

案例3 未戴绝缘手套触电伤亡事故

事故经过

2011年8月10日，某钢铁公司周某某共6个人用柴油清洁牙轮钻机的外部卫生。由于要对牙轮钻机内电气部分进行清洁，需要切断外部电源，外部电源是用电缆挂在6600V的高压线电杆上面，用跌落保险作为接通和切断电源的开关。李某某安排祝某某和周某某去停电，李某某和其他三个人继续擦拭牙轮机。祝某某拿着令克棒去停电，周某某拿着绝缘手套叫祝某某戴上，祝某某没拿，周某某就把绝缘手套放在地上，然后就回到牙轮机上。李某某听到"啊"的一声叫，赶紧从机子上下来，看到祝某某倒在高压接线柱西北侧约2m处，绝缘手套放在高压接线柱北侧约1.5m处。李某某等现场人员将祝某某抬上车，送到医院，经抢救无效死亡，经法医鉴定系电击死亡。

事故分析

（1）在进行电气操作时未戴绝缘手套，以致不慎触电死亡。

（2）企业对职工的安全监督检查不力，安全教育不够。

（3）停送电作业时监护不到位。

事故防范

《电力安全工作规程 发电厂和变电站电气部分》（GB 26860—2011）7.3.6（操作的基本要求）规定：

（1）停电操作应按照"断路器—负荷侧隔离开关—电源侧隔离开关"的顺序依次进行，送电合闸操作按相反的顺序进行。不应带负荷拉合隔离开关。

（2）非程序操作应按操作任务的顺序逐项操作。

（3）雷电天气时，不宜进行电气操作，不应就地电气操作。

（4）用绝缘棒拉合隔离开关、高压熔断器，或经传动机构拉合断路器和隔离开关，均应戴绝缘手套。

（5）雨天操作室外高压设备时，应使用有防雨罩的绝缘棒，并穿绝缘靴、戴绝缘手套。

（6）装卸高压熔断器，应戴护目眼镜和绝缘手套，必要时使用绝缘夹钳，并站在绝缘物或绝缘台上。

（7）在高压开关柜的手车开关拉至"检修"位置后，应确认隔离挡板已封闭。

另外，操作高压设备必须穿戴好劳保用品，绝缘手套、绝缘靴等绝缘用具应定期试验。接触设备前，必须严格落实确认制，防止触电事故发生。

案例4　甩开漏电开关，违规用电酿成惨剧

事故经过

2012年3月20日，在某钢铁企业工地，临时工陈某发现潜水泵开动后漏电开关动作，便要求电工把潜水泵电源线不经漏电开关接上电源，起初电工不肯，但在陈某的多次要求下照办。潜水泵再次启动后，陈某拿一条钢筋欲挑起潜水泵检查是否沉入泥里，当陈某挑起潜水泵时，即触电倒地，经抢救无效死亡。

事故分析

临时工陈某由于不懂电气安全知识，在电工劝阻的情况下仍要求将潜水泵电源线直接接到电源，同时，在明知漏电的情况下用钢筋挑动潜水泵，违章作业，是事故的直接原因。电工在陈某的多次要求下违章接线，明知故犯，留下严重的事故隐患，是事故发生的间接原因。

事故防范

（1）《施工现场临时用电安全技术规范》（JGJ 46—2012）8.2.1 规定：

漏电保护器应装设在总配电箱、开关箱靠近负荷的一侧，且不得用于启动电气设备的操作。

（2）《建筑工程施工现场供用电安全规范》（GB 50194—2014）6.3.12 规定：

配电箱、开关箱的金属箱体、金属电器安装板以及电器正常不带电的金属底座、

外壳等必须通过 PE 线端子板与 PE 线做电气连接。

（3）金属箱门与金属箱体间的跨接接地线应符合标准规定。

（4）漏电保护器的作用是一旦漏电可以自动断电。发现漏电保护器动作，必须查明漏电原因，严禁甩开漏电保护器。

案例 5 不停电无监护独自作业，检查高压保险丝管触电

 事故经过

2005 年 2 月 4 日 15：20，某钢铁公司电铲车间 12 号电铲司机付某某和司机李某某发现电铲三相电源缺一相，恰逢交班时间，也没有向车间汇报。司机李某某先走下电铲与前来接班的司机周某、魏某某交待电铲电压电缺相，检查电柱开关是否掉相。魏某某上电铲去拿绝缘杆，走进机械室时，看见付某某正在切断低压开关，魏某某下电铲后和周某一同去电源电柱检查，发现电柱开关没有掉相，就喊话告诉付某某电柱开关正常，然后两人向电铲返回。此时，司机李某某已往通勤客车站点行车。当李某某走出 10m 左右时，听付某某在电铲上喊了一声"我触电了"，就返身回到电铲上看，付某某倒在机械室高压柜前，送往医院抢救无效死亡。

事故分析

电铲高压开关柜上门打开，用拉板支护，三相保险丝管外露，电源电柱隔离开关及高压柜隔离开关都处于合闸状态，低压开关已切断，付某某衣袋里有作业工具，没戴绝缘手套。当时付某某听到丙班司机周某、副司机魏某某回话电柱隔离开关没有掉相，便检查高压开关柜内的保险丝管是否烧断，由于没有切断高压隔离开关，带电检查左三高压速熔保险丝管时，右手碰触带电体造成触电死亡。

事故防范

（1）《电力安全工作规程 发电厂和变电站电气部分》（GB 26860—2011）6.2.2 规定：停电设备的各端应有明显的断开点，或应有能反映设备运行状态的电气和机械等指示，不应在只经断路器断开电源的设备上工作。

（2）《电力安全工作规程 发电厂和变电站电气部分》（GB 26860—2011）6.2.3 规定：应断开用电设备各侧断路器、隔离开关的控制电源和合闸能源，闭锁隔离开关的操作机构。

（3）《电力安全工作规程 发电厂和变电站电气部分》（GB 26860—2011）6.2.4 规定：高压开关柜的手车开关应拉至"试验"或"检修"位置。

（4）所有可能危及检修安全的线路均应有明显的断开点，防止反送电至检修设备。

（5）断开断路器（开关）和隔离开关（刀闸）的操作能源及操作机构加锁，防止误操作送电至检修设备。

案例6 违章检修电源线造成的触电身亡事故

 事故经过

2011 年 7 月 9 日中班，某钢铁公司物流储运中心钢坯炉料站一库龙门吊工王某接班后操作 3 号龙门吊装生铁。

17：20，在往翻斗车内装第三吊时磁铁盘吸不了生铁，王某提升磁铁盘并将电源线提至驾驶室内进行处理，处理完后将磁铁盘及电源线放下，但仍然吸不了铁。

17：30，他第二次提起磁铁盘电源线进行处理，同时龙门吊小车也在向东运行，小车碰到东端的阻挡器发出"砰"的声音，翻斗车司机熊某某听到后马上跑到驾驶室下方，对着驾驶室呼叫王某，但没有回应，便立即跑去告知现场管理员范某某，范某某和另一名翻斗车司机周某某率先从龙门吊顶部进入驾驶室内，发现王某双手抓着磁铁盘断开的电源线两头，范某某立即将电源线拨开，电源线碰到驾驶室的钢结构上产生火花，随后进入驾驶室的行车工张某某及时断开磁铁盘的电源开关。

17：36，张某某、范某某等人将王某抬下龙门吊，送医院后经抢救无效死亡。

事故分析

（1）王某在未断电且无人监护的情况下处理磁铁盘电源线故障，违反了

《岗位危险源辨识与控制措施》的有关规定，是事故的直接原因。

（2）物流储运中心炉料站一库 3 号龙门吊磁铁盘电源线架设存在缺陷，经常出现电源线破损的故障未引起重视，措施落实不到位，是事故的管理原因和次要原因。

事故防范

（1）深入开展反习惯性违章活动，认真组织员工对本次事故进行剖析，教育全体员工从中吸取事故教训，查找和整改身边的隐患和缺陷。

（2）物流储运中心要对所有龙门吊磁铁盘电源线的架设进行整改，消除磁铁盘电源线经常破损的隐患，并及时更换破损的电源线。

（3）组织员工学习《岗位安全操作规程》和危险源辨识及控制措施，进行现场实践培训，并进行考试，做到人人过关。电气作业必须严格执行先断电、后验电、再作业的程序。

案例 7　电工作业不停电造成的烧伤事故

事故经过

2007 年 6 月 23 日 8：00，某钢铁公司烧结车间主机电源万能断路器欠压线圈烧坏，两班电工交接班后，值班电工赵某准备更换欠压线圈，但事先没有停电，在更换时不小心梅花螺丝刀与主机电源铜鼻连电，产生强烈的电弧光，将赵某手部、脸部、眼睛及前胸烧伤，双眼疼痛无法睁开，事故发生后值班厂长刘某等人立即将其送往职工医院进行急救，后被转往当地医院，经诊断为右眼三度烧伤，其他部位轻微烧伤。

事故分析

（1）该职工严重违反电工安全操作规程，带电进行作业，是事故发生的直接原因。

（2）车间没有认真落实公司安全用电制度，监管不到位，是事故发生的间接原因。

事故防范

（1）建议公司电力主管部门和领导，每月定期召开全体电工会议，学习安全用电理论知识、贯彻安全用电制度、分析电气设备或人身伤害事故发生的原因等。

（2）电力主管部门监督实行"临时用电作业许可证"及"用电、检修许可证制度"，分一、二、三级审批，一级用电由主管部门领导签准，车间领导负责监督实施安全作业；二级用电由车间主管领导签准，车间电力工程师或电工班长负责监督实施安全作业；三级用电由车间工程师或电工班长签准，车间电工班长负责监督值班电工进行安全作业。

（3）车间要认真落实各项安全作业制度，各级明确责任，逐级进行监督，确保安全施工。

（4）定期组织电工作业人员进行安全技能培训。

附录：

《安全生产法》修改解读

2002 年 6 月 29 日第九届全国人民代表大会常务委员会第二十八次会议通过《中华人民共和国安全生产法》，2009 年 8 月 27 日第十一届全国人民代表大会常务委员会第十次会议第一次对《关于修改部分法律的决定》进行修改，2014 年 8 月 31 日第十二届全国人民代表大会常务委员会第十次会议第二次对《关于修改〈中华人民共和国安全生产法〉的决定》进行修改。

第二次修改后的《安全生产法》，认真贯彻落实习近平总书记关于安全生产工作一系列重要指示精神，立足于安全生产的现实问题和发展的要求，在强化安全生产工作定位、落实生产经营单位主体责任、加强政府安全监管和基层执法力量、强化安全生产责任追究等四个方面，进一步补充完善了相关规定。

《安全生产法》第二次修改前后条文对照及修改解读如下。

修 改 前	修 改 后 及 释 义
第一章　总　则	第一章　总　则
第一条　为了加强安全生产监督管理，防止和减少生产安全事故，保障人民群众生命和财产安全，促进经济发展，制定本法。	第一条　为了加强安全生产工作，防止和减少生产安全事故，保障人民群众生命和财产安全，促进经济社会持续健康发展，制定本法。 （立法目的由"促进经济发展"完善为"促进经济社会持续健康发展"，把安全生产提高到社会综合治理的高度进行规范）
第二条　在中华人民共和国领域内从事生产经营活动的单位（以下统称生产经营单位）的安全生产，适用本法；有关法律、行政法规对消防安全和道路交通安全、铁路交通安全、水上交通安全、民用航空安全另有规定的，适用其规定。	第二条　在中华人民共和国领域内从事生产经营活动的单位（以下统称"生产经营单位"）的安全生产，适用本法；有关法律、行政法规对消防安全和道路交通安全、铁路交通安全、水上交通安全、民用航空安全以及核与辐射安全、特种设备安全另有规定的，适用其规定。 （根据 2009 年之后立法情况，增加了一些另有规定的特殊情形，包括核与辐射安全、特种设备安全）
第三条　安全生产管理，坚持安全第一、预防为主的方针。	第三条　安全生产工作应当以人为本，坚持安全发展，坚持安全第一、预防为主、综合治理的方针，强化和落实生产经营单位的主体责任，建立生产经营单位负责、职工参与、政府监管、行业自律和社会监督的机制。 （把"以人为本"的理念落实到安全生产工作中并成为其核心，首次提出了安全发展的观点；明确了安全生产的责任主体，确立了安全生产监督管理机制）

修 改 前	修改后及释义
第四条　生产经营单位必须遵守本法和其他有关安全生产的法律、法规，加强安全生产管理，建立、健全安全生产责任制度，完善安全生产条件，确保安全生产。	第四条　生产经营单位必须遵守本法和其他有关安全生产的法律、法规，加强安全生产管理，建立、健全安全生产责任制和安全生产规章制度，改善安全生产条件，推进安全生产标准化建设，提高安全生产水平，确保安全生产。 （明确提出推进安全生产标准化建设，把标准化建设提到重要位置；明确提出了提高安全生产水平）
第五条　生产经营单位的主要负责人对本单位的安全生产工作全面负责。	第五条　生产经营单位的主要负责人对本单位的安全生产工作全面负责。
第六条　生产经营单位的从业人员有依法获得安全生产保障的权利，并应当依法履行安全生产方面的义务。	第六条　生产经营单位的从业人员有依法获得安全生产保障的权利，并应当依法履行安全生产方面的义务。
第七条　工会依法组织职工参加本单位安全生产工作的民主管理和民主监督，维护职工在安全生产方面的合法权益。	第七条　工会依法对安全生产工作进行监督。 生产经营单位的工会依法组织职工参加本单位安全生产工作的民主管理和民主监督，维护职工在安全生产方面的合法权益。生产经营单位制定或者修改有关安全生产的规章制度，应当听取工会的意见。 （明确了工会在安全生产工作中的地位，加大了工会参与安全生产工作的力度，赋予工会参与有关安全生产规章制度制定和修改的权力）
第八条　国务院和地方各级人民政府应当加强对安全生产工作的领导，支持、督促各有关部门依法履行安全生产监督管理职责。 县级以上人民政府对安全生产监督管理中存在的重大问题应当及时予以协调、解决。	第八条　国务院和县级以上地方各级人民政府应当根据国民经济和社会发展规划制定安全生产规划，并组织实施。安全生产规划应当与城乡规划相衔接。 国务院和县级以上地方各级人民政府应当加强对安全生产工作的领导，支持、督促各有关部门依法履行安全生产监督管理职责，建立健全安全生产工作协调机制，及时协调、解决安全生产监督管理中存在的重大问题。 乡、镇人民政府以及街道办事处、开发区管理机构等地方人民政府的派出机关应当按照职责，加强对本行政区域内生产经营单位安全生产状况的监督检查，协助上级人民政府有关部门依法履行安全生产监督管理职责。 （明确规定国务院和县级以上地方人民政府制定和实施安全生产规划，对安全生产规划与相关规划的衔接提出了要求，以保证安全生产规划的覆盖范围；明确了基层政府及相应机构参与安全生产管理）

修 改 前	修改后及释义
第九条　国务院负责安全生产监督管理的部门依照本法，对全国安全生产工作实施综合监督管理；县级以上地方各级人民政府负责安全生产监督管理的部门依照本法，对本行政区域内安全生产工作实施综合监督管理。 国务院有关部门依照本法和其他有关法律、行政法规的规定，在各自的职责范围内对有关的安全生产工作实施监督管理；县级以上地方各级人民政府有关部门依照本法和其他有关法律、法规的规定，在各自的职责范围内对有关的安全生产工作实施监督管理。	第九条　国务院安全生产监督管理部门依照本法，对全国安全生产工作实施综合监督管理；县级以上地方各级人民政府安全生产监督管理部门依照本法，对本行政区域内安全生产工作实施综合监督管理。 国务院有关部门依照本法和其他有关法律、行政法规的规定，在各自的职责范围内对有关行业、领域的安全生产工作实施监督管理；县级以上地方各级人民政府有关部门依照本法和其他有关法律、法规的规定，在各自的职责范围内对有关行业、领域的安全生产工作实施监督管理。 安全生产监督管理部门和对有关行业、领域的安全生产工作实施监督管理的部门，统称负有安全生产监督管理职责的部门。 **（进一步明确了负有安全生产监督管理职责的部门的范围，强调了行业、领域部门的作用）**
第十条　国务院有关部门应当按照保障安全生产的要求，依法及时制定有关的国家标准或者行业标准，并根据科技进步和经济发展适时修订。 生产经营单位必须执行依法制定的保障安全生产的国家标准或者行业标准。	第十条　国务院有关部门应当按照保障安全生产的要求，依法及时制定有关的国家标准或者行业标准，并根据科技进步和经济发展适时修订。 生产经营单位必须执行依法制定的保障安全生产的国家标准或者行业标准。
第十一条　各级人民政府及其有关部门应当采取多种形式，加强对有关安全生产的法律、法规和安全生产知识的宣传，提高职工的安全生产意识。	第十一条　各级人民政府及其有关部门应当采取多种形式，加强对有关安全生产的法律、法规和安全生产知识的宣传，增强全社会的安全生产意识。
	第十二条　有关协会组织依照法律、行政法规和章程，为生产经营单位提供安全生产方面的信息、培训等服务，发挥自律作用，促进生产经营单位加强安全生产管理。 **（首次提出协会在安全生产方面发挥作用，明确了协会的主要工作任务）**
第十二条　依法设立的为安全生产提供技术服务的中介机构，依照法律、行政法规和执业准则，接受生产经营单位的委托为其安全生产工作提供技术服务。	第十三条　依法设立的为安全生产提供技术、管理服务的机构，依照法律、行政法规和执业准则，接受生产经营单位的委托为其安全生产工作提供技术、管理服务。 生产经营单位委托前款规定的机构提供安全生产技术、管理服务的，保证安全生产的责任仍由本单位负责。 **（扩大了第三方机构的服务范围，不仅可提供技术服务，还可提供管理服务，为安全生产工作的专业化托管提供了法律依据和法律支撑。同时明确了托管后安全生产责任主体不变）**

续表

修　改　前	修改后及释义
第十三条　国家实行生产安全事故责任追究制度，依照本法和有关法律、法规的规定，追究生产安全事故责任人员的法律责任。	第十四条　国家实行生产安全事故责任追究制度，依照本法和有关法律、法规的规定，追究生产安全事故责任人员的法律责任。
第十四条　国家鼓励和支持安全生产科学技术研究和安全生产先进技术的推广应用，提高安全生产水平。	第十五条　国家鼓励和支持安全生产科学技术研究和安全生产先进技术的推广应用，提高安全生产水平。
第十五条　国家对在改善安全生产条件、防止生产安全事故、参加抢险救护等方面取得显著成绩的单位和个人，给予奖励。	第十六条　国家对在改善安全生产条件、防止生产安全事故、参加抢险救护等方面取得显著成绩的单位和个人，给予奖励。
第二章　生产经营单位的安全生产保障	**第二章　生产经营单位的安全生产保障**
第十六条　生产经营单位应当具备本法和有关法律、行政法规和国家标准或者行业标准规定的安全生产条件；不具备安全生产条件的，不得从事生产经营活动。	第十七条　生产经营单位应当具备本法和有关法律、行政法规和国家标准或者行业标准规定的安全生产条件；不具备安全生产条件的，不得从事生产经营活动。
第十七条　生产经营单位的主要负责人对本单位安全生产工作负有下列职责： （一）建立、健全本单位安全生产责任制； （二）组织制定本单位安全生产规章制度和操作规程； （三）保证本单位安全生产投入的有效实施； （四）督促、检查本单位的安全生产工作，及时消除生产安全事故隐患； （五）组织制定并实施本单位的生产安全事故应急救援预案； （六）及时、如实报告生产安全事故。	第十八条　生产经营单位的主要负责人对本单位安全生产工作负有下列职责： （一）建立、健全本单位安全生产责任制； （二）组织制定本单位安全生产规章制度和操作规程； （三）组织制定并实施本单位安全生产教育和培训计划； （四）保证本单位安全生产投入的有效实施； （五）督促、检查本单位的安全生产工作，及时消除生产安全事故隐患； （六）组织制定并实施本单位的生产安全事故应急救援预案； （七）及时、如实报告生产安全事故。 **（生产经营单位的主要负责人增加了一条职责，把安全生产教育和培训放在很重要的地位）**
	第十九条　生产经营单位的安全生产责任制应当明确各岗位的责任人员、责任范围和考核标准等内容。 生产经营单位应当建立相应的机制，加强对安全生产责任制落实情况的监督考核，保证安全生产责任制的落实。 **（明确了安全生产责任制的主要内容，强调保障安全生产责任制落实的机制，保证其发挥应有的作用）**

修 改 前	修改后及释义
第十八条　生产经营单位应当具备的安全生产条件所必需的资金投入，由生产经营单位的决策机构、主要负责人或者个人经营的投资人予以保证，并对由于安全生产所必需的资金投入不足导致的后果承担责任。	第二十条　生产经营单位应当具备的安全生产条件所必需的资金投入，由生产经营单位的决策机构、主要负责人或者个人经营的投资人予以保证，并对由于安全生产所必需的资金投入不足导致的后果承担责任。 有关生产经营单位应当按照规定提取和使用安全生产费用，专门用于改善安全生产条件。安全生产费用在成本中据实列支。安全生产费用提取、使用和监督管理的具体办法由国务院财政部门会同国务院安全生产监督管理部门征求国务院有关部门意见后制定。 （强化安全生产必需的资金投入保障，除对生产经营单位提出要求外，要求国务院相关部门制定相关规章）
第十九条　矿山、建筑施工单位和危险物品的生产、经营、储存单位，应当设置安全生产管理机构或者配备专职安全生产管理人员。 前款规定以外的其他生产经营单位，从业人员超过三百人的，应当设置安全生产管理机构或者配备专职安全生产管理人员；从业人员在三百人以下的，应当配备专职或者兼职的安全生产管理人员，或者委托具有国家规定的相关专业技术资格的工程技术人员提供安全生产管理服务。生产经营单位依照前款规定委托工程技术人员提供安全生产管理服务的，保证安全生产的责任仍由本单位负责。	第二十一条　矿山、金属冶炼、建筑施工、道路运输单位和危险物品的生产、经营、储存单位，应当设置安全生产管理机构或者配备专职安全生产管理人员。 前款规定以外的其他生产经营单位，从业人员超过一百人的，应当设置安全生产管理机构或者配备专职安全生产管理人员；从业人员在一百人以下的，应当配备专职或者兼职的安全生产管理人员。 （将金属冶炼和道路运输单位纳入高危行业，对生产经营单位安全机构设置和安全生产管理人员配备提出了更严格的要求）
	第二十二条　生产经营单位的安全生产管理机构以及安全生产管理人员履行下列职责： （一）组织或者参与拟订本单位安全生产规章制度、操作规程和生产安全事故应急救援预案； （二）组织或者参与本单位安全生产教育和培训，如实记录安全生产教育和培训情况； （三）督促落实本单位重大危险源的安全管理措施； （四）组织或者参与本单位应急救援演练； （五）检查本单位的安全生产状况，及时排查生产安全事故隐患，提出改进安全生产管理的建议； （六）制止和纠正违章指挥、强令冒险作业、违反操作规程的行为；

续表

修 改 前	修改后及释义
	（七）督促落实本单位安全生产整改措施。 （**明确了生产经营单位的安全生产管理机构以及安全生产管理人员的具体职责，为追究安全生产管理人员的法律责任提供了法律依据**）
	第二十三条　生产经营单位的安全生产管理机构以及安全生产管理人员应当恪尽职守，依法履行职责。 　　生产经营单位作出涉及安全生产的经营决策，应当听取安全生产管理机构以及安全生产管理人员的意见。 　　生产经营单位不得因安全生产管理人员依法履行职责而降低其工资、福利等待遇或者解除与其订立的劳动合同。 　　危险物品的生产、储存单位以及矿山、金属冶炼单位的安全生产管理人员的任免，应当告知主管的负有安全生产监督管理职责的部门。 　　（**明确规定生产经营单位的安全生产管理机构以及安全生产管理人员应当履行其法定职责，对其参与涉及安全生产的经营决策的权力提供了法律依据，对其依法履行职责提供了个人权利保障，对特定行业安全生产管理人员任免建立了报备机制**）
第二十条　生产经营单位的主要负责人和安全生产管理人员必须具备与本单位所从事的生产经营活动相应的安全生产知识和管理能力。 　　危险物品的生产、经营、储存单位以及矿山、建筑施工单位的主要负责人和安全生产管理人员，应当由有关主管部门对其安全生产知识和管理能力考核合格后方可任职。考核不得收费。	第二十四条　生产经营单位的主要负责人和安全生产管理人员必须具备与本单位所从事的生产经营活动相应的安全生产知识和管理能力。 　　危险物品的生产、经营、储存单位以及矿山、金属冶炼、建筑施工、道路运输单位的主要负责人和安全生产管理人员，应当由主管的负有安全生产监督管理职责的部门对其安全生产知识和管理能力考核合格。考核不得收费。 　　危险物品的生产、储存单位以及矿山、金属冶炼单位应当有注册安全工程师从事安全生产管理工作。鼓励其他生产经营单位聘用注册安全工程师从事安全生产管理工作。注册安全工程师按专业分类管理，具体办法由国务院人力资源和社会保障部门、国务院安全生产监督管理部门会同国务院有关部门制定。 　　（**增加了注册安全工程师的规定，对特定行业提出了有注册安全工程师从事安全生产管理工作的明确要求，明确提出制定注册安全工程师管理办法，以充分发挥注册安全工程师的作用**）

修 改 前	修改后及释义
第二十一条　生产经营单位应当对从业人员进行安全生产教育和培训，保证从业人员具备必要的安全生产知识，熟悉有关的安全生产规章制度和安全操作规程，掌握本岗位的安全操作技能。未经安全生产教育和培训合格的从业人员，不得上岗作业。	第二十五条　生产经营单位应当对从业人员进行安全生产教育和培训，保证从业人员具备必要的安全生产知识，熟悉有关的安全生产规章制度和安全操作规程，掌握本岗位的安全操作技能，了解事故应急处理措施，知悉自身在安全生产方面的权利和义务。未经安全生产教育和培训合格的从业人员，不得上岗作业。 　生产经营单位使用被派遣劳动者的，应当将被派遣劳动者纳入本单位从业人员统一管理，对被派遣劳动者进行岗位安全操作规程和安全操作技能的教育和培训。劳务派遣单位应当对被派遣劳动者进行必要的安全生产教育和培训。 　生产经营单位接收中等职业学校、高等学校学生实习的，应当对实习学生进行相应的安全生产教育和培训，提供必要的劳动防护用品。学校应当协助生产经营单位对实习学生进行安全生产教育和培训。 　生产经营单位应当建立安全生产教育和培训档案，如实记录安全生产教育和培训的时间、内容、参加人员以及考核结果等情况。 　**（强调加强对各类人员的安全生产教育和培训，增加了知悉自身在安全生产方面的权利和义务的教育培训内容，对被派遣劳动者和实习学生的教育培训做出了规定，要求建立安全生产教育和培训档案并明确了档案应记载的内容）**
第二十二条　生产经营单位采用新工艺、新技术、新材料或者使用新设备，必须了解、掌握其安全技术特性，采取有效的安全防护措施，并对从业人员进行专门的安全生产教育和培训。	第二十六条　生产经营单位采用新工艺、新技术、新材料或者使用新设备，必须了解、掌握其安全技术特性，采取有效的安全防护措施，并对从业人员进行专门的安全生产教育和培训。
第二十三条　生产经营单位的特种作业人员必须按照国家有关规定经专门的安全作业培训，取得特种作业操作资格证书，方可上岗作业。 　特种作业人员的范围由国务院负责安全生产监督管理的部门会同国务院有关部门确定。	第二十七条　生产经营单位的特种作业人员必须按照国家有关规定经专门的安全作业培训，取得相应资格，方可上岗作业。 　特种作业人员的范围由国务院安全生产监督管理部门会同国务院有关部门确定。 　**（将特种作业人员的特种作业操作资格证书改为相应资格）**
第二十四条　生产经营单位新建、改建、扩建工程项目（以下统称建设项目）的安全设施，必须与主体工程同时设计、同时施工、同时投入生产和使用。安全设施投资应当纳入建设项目概算。	第二十八条　生产经营单位新建、改建、扩建工程项目（以下统称建设项目）的安全设施，必须与主体工程同时设计、同时施工、同时投入生产和使用。安全设施投资应当纳入建设项目概算。
第二十五条　矿山建设项目和用于生产、储存危险物品的建设项目，应当分别按照国家有关规定进行安全条件论证和安全评价。	第二十九条　矿山、金属冶炼建设项目和用于生产、储存、装卸危险物品的建设项目，应当按照国家有关规定进行安全评价。 　**（对建设项目删除了与安全评价内容重复的安全条件论证，建设项目范围增加了金属冶炼建设项目和用于装卸危险物品的建设项目）**

续表

修 改 前	修改后及释义
第二十六条 建设项目安全设施的设计人、设计单位应当对安全设施设计负责。 矿山建设项目和用于生产、储存危险物品的建设项目的安全设施设计应当按照国家有关规定报经有关部门审查，审查部门及其负责审查的人员对审查结果负责。	第三十条 建设项目安全设施的设计人、设计单位应当对安全设施设计负责。 矿山、金属冶炼建设项目和用于生产、储存、装卸危险物品的建设项目的安全设施设计应当按照国家有关规定报经有关部门审查，审查部门及其负责审查的人员对审查结果负责。 （政府部门审查安全设施设计的范围增加了金属冶炼建设项目和用于装卸危险物品的建设项目）
第二十七条 矿山建设项目和用于生产、储存危险物品的建设项目的施工单位必须按照批准的安全设施设计施工，并对安全设施的工程质量负责。 矿山建设项目和用于生产、储存危险物品的建设项目竣工投入生产或者使用前，必须依照有关法律、行政法规的规定对安全设施进行验收；验收合格后，方可投入生产和使用。验收部门及其验收人员对验收结果负责。	第三十一条 矿山、金属冶炼建设项目和用于生产、储存、装卸危险物品的建设项目的施工单位必须按照批准的安全设施设计施工，并对安全设施的工程质量负责。 矿山、金属冶炼建设项目和用于生产、储存危险物品的建设项目竣工投入生产或者使用前，应当由建设单位负责组织对安全设施进行验收；验收合格后，方可投入生产和使用。安全生产监督管理部门应当加强对建设单位验收活动和验收结果的监督核查。 （明确了对安全设施进行验收的主体是建设单位，验收的监督核查主体是安全生产监督管理部门）
第二十八条 生产经营单位应当在有较大危险因素的生产经营场所和有关设施、设备上，设置明显的安全警示标志。	第三十二条 生产经营单位应当在有较大危险因素的生产经营场所和有关设施、设备上，设置明显的安全警示标志。
第二十九条 安全设备的设计、制造、安装、使用、检测、维修、改造和报废，应当符合国家标准或者行业标准。 生产经营单位必须对安全设备进行经常性维护、保养，并定期检测，保证正常运转。维护、保养、检测应当作好记录，并由有关人员签字。	第三十三条 安全设备的设计、制造、安装、使用、检测、维修、改造和报废，应当符合国家标准或者行业标准。 生产经营单位必须对安全设备进行经常性维护、保养，并定期检测，保证正常运转。维护、保养、检测应当作好记录，并由有关人员签字。
第三十条 生产经营单位使用的涉及生命安全、危险性较大的特种设备，以及危险物品的容器、运输工具，必须按照国家有关规定，由专业生产单位生产，并经取得专业资质的检测、检验机构检测、检验合格，取得安全使用证或者安全标志，方可投入使用。检测、检验机构对检测、检验结果负责。 涉及生命安全、危险性较大的特种设备的目录由国务院负责特种设备安全监督管理的部门制定，报国务院批准后执行。	第三十四条 生产经营单位使用的危险物品的容器、运输工具，以及涉及人身安全、危险性较大的海洋石油开采特种设备和矿山井下特种设备，必须按照国家有关规定，由专业生产单位生产，并经具有专业资质的检测、检验机构检测、检验合格，取得安全使用证或者安全标志，方可投入使用。检测、检验机构对检测、检验结果负责。 （直接明确了取得安全使用证或者安全标志方可投入使用的特种设备的种类）

续表

修 改 前	修改后及释义
第三十一条　国家对严重危及生产安全的工艺、设备实行淘汰制度。 　　生产经营单位不得使用国家明令淘汰、禁止使用的危及生产安全的工艺、设备。	第三十五条　国家对严重危及生产安全的工艺、设备实行淘汰制度，具体目录由国务院安全生产监督管理部门会同国务院有关部门制定并公布。法律、行政法规对目录的制定另有规定的，适用其规定。 　　省、自治区、直辖市人民政府可以根据本地区实际情况制定并公布具体目录，对前款规定以外的危及生产安全的工艺、设备予以淘汰。 　　生产经营单位不得使用应当淘汰的危及生产安全的工艺、设备。 　　（增加了淘汰目录的相关规定，包括国家级和省级两级目录）
第三十二条　生产、经营、运输、储存、使用危险物品或者处置废弃危险物品的，由有关主管部门依照有关法律、法规的规定和国家标准或者行业标准审批并实施监督管理。 　　生产经营单位生产、经营、运输、储存、使用危险物品或者处置废弃危险物品，必须执行有关法律、法规和国家标准或者行业标准，建立专门的安全管理制度，采取可靠的安全措施，接受有关主管部门依法实施的监督管理。	第三十六条　生产、经营、运输、储存、使用危险物品或者处置废弃危险物品的，由有关主管部门依照有关法律、法规的规定和国家标准或者行业标准审批并实施监督管理。 　　生产经营单位生产、经营、运输、储存、使用危险物品或者处置废弃危险物品，必须执行有关法律、法规和国家标准或者行业标准，建立专门的安全管理制度，采取可靠的安全措施，接受有关主管部门依法实施的监督管理。
第三十三条　生产经营单位对重大危险源应当登记建档，进行定期检测、评估、监控，并制定应急预案，告知从业人员和相关人员在紧急情况下应当采取的应急措施。 　　生产经营单位应当按照国家有关规定将本单位重大危险源及有关安全措施、应急措施报有关地方人民政府负责安全生产监督管理的部门和有关部门备案。	第三十七条　生产经营单位对重大危险源应当登记建档，进行定期检测、评估、监控，并制定应急预案，告知从业人员和相关人员在紧急情况下应当采取的应急措施。 　　生产经营单位应当按照国家有关规定将本单位重大危险源及有关安全措施、应急措施报有关地方人民政府安全生产监督管理部门和有关部门备案。
	第三十八条　生产经营单位应当建立健全生产安全事故隐患排查治理制度，采取技术、管理措施，及时发现并消除事故隐患。事故隐患排查治理情况应当如实记录，并向从业人员通报。 　　县级以上地方各级人民政府负有安全生产监督管理职责的部门应当建立健全重大事故隐患治理督办制度，督促生产经营单位消除重大事故隐患。 　　（增加了隐患排查制度建设和体系建设）

续表

修 改 前	修改后及释义
第三十四条 生产、经营、储存、使用危险物品的车间、商店、仓库不得与员工宿舍在同一座建筑物内,并应当与员工宿舍保持安全距离。 生产经营场所和员工宿舍应当设有符合紧急疏散要求、标志明显、保持畅通的出口。禁止封闭、堵塞生产经营场所或者员工宿舍的出口。	第三十九条 生产、经营、储存、使用危险物品的车间、商店、仓库不得与员工宿舍在同一座建筑物内,并应当与员工宿舍保持安全距离。 生产经营场所和员工宿舍应当设有符合紧急疏散要求、标志明显、保持畅通的出口。禁止锁闭、封堵生产经营场所或者员工宿舍的出口。
第三十五条 生产经营单位进行爆破、吊装等危险作业,应当安排专门人员进行现场安全管理,确保操作规程的遵守和安全措施的落实。	第四十条 生产经营单位进行爆破、吊装以及国务院安全生产监督管理部门会同国务院有关部门规定的其他危险作业,应当安排专门人员进行现场安全管理,确保操作规程的遵守和安全措施的落实。 **(对危险作业现场管理提出了要求)**
第三十六条 生产经营单位应当教育和督促从业人员严格执行本单位的安全生产规章制度和安全操作规程;并向从业人员如实告知作业场所和工作岗位存在的危险因素、防范措施以及事故应急措施。	第四十一条 生产经营单位应当教育和督促从业人员严格执行本单位的安全生产规章制度和安全操作规程;并向从业人员如实告知作业场所和工作岗位存在的危险因素、防范措施以及事故应急措施。
第三十七条 生产经营单位必须为从业人员提供符合国家标准或者行业标准的劳动防护用品,并监督、教育从业人员按照使用规则佩戴、使用。	第四十二条 生产经营单位必须为从业人员提供符合国家标准或者行业标准的劳动防护用品,并监督、教育从业人员按照使用规则佩戴、使用。
第三十八条 生产经营单位的安全生产管理人员应当根据本单位的生产经营特点,对安全生产状况进行经常性检查;对检查中发现的安全问题,应当立即处理;不能处理的,应当及时报告本单位有关负责人。检查及处理情况应当记录在案。	第四十三条 生产经营单位的安全生产管理人员应当根据本单位的生产经营特点,对安全生产状况进行经常性检查;对检查中发现的安全问题,应当立即处理;不能处理的,应当及时报告本单位有关负责人,有关负责人应当及时处理。检查及处理情况应当如实记录在案。 生产经营单位的安全生产管理人员在检查中发现重大事故隐患,依照前款规定向本单位有关负责人报告,有关负责人不及时处理的,安全生产管理人员可以向主管的负有安全生产监督管理职责的部门报告,接到报告的部门应当依法及时处理。 **(明确了安全管理人员履行职责的具体行为)**
第三十九条 生产经营单位应当安排用于配备劳动防护用品、进行安全生产培训的经费。	第四十四条 生产经营单位应当安排用于配备劳动防护用品、进行安全生产培训的经费。

修 改 前	修改后及释义
第四十条　两个以上生产经营单位在同一作业区域内进行生产经营活动，可能危及对方生产安全的，应当签订安全生产管理协议，明确各自的安全生产管理职责和应当采取的安全措施，并指定专职安全生产管理人员进行安全检查与协调。	第四十五条　两个以上生产经营单位在同一作业区域内进行生产经营活动，可能危及对方生产安全的，应当签订安全生产管理协议，明确各自的安全生产管理职责和应当采取的安全措施，并指定专职安全生产管理人员进行安全检查与协调。
第四十一条　生产经营单位不得将生产经营项目、场所、设备发包或者出租给不具备安全生产条件或者相应资质的单位或者个人。 生产经营项目、场所有多个承包单位、承租单位的，生产经营单位应当与承包单位、承租单位签订专门的安全生产管理协议，或者在承包合同、租赁合同中约定各自的安全生产管理职责；生产经营单位对承包单位、承租单位的安全生产工作统一协调、管理。	第四十六条　生产经营单位不得将生产经营项目、场所、设备发包或者出租给不具备安全生产条件或者相应资质的单位或者个人。 生产经营项目、场所发包或者出租给其他单位的，生产经营单位应当与承包单位、承租单位签订专门的安全生产管理协议，或者在承包合同、租赁合同中约定各自的安全生产管理职责；生产经营单位对承包单位、承租单位的安全生产工作统一协调、管理，定期进行安全检查，发现安全问题的，应当及时督促整改。 **（规范外来施工队伍的管理工作，消除管理空挡和管理漏洞）**
第四十二条　生产经营单位发生重大生产安全事故时，单位的主要负责人应当立即组织抢救，并不得在事故调查处理期间擅离职守。	第四十七条　生产经营单位发生生产安全事故时，单位的主要负责人应当立即组织抢救，并不得在事故调查处理期间擅离职守。
第四十三条　生产经营单位必须依法参加工伤社会保险，为从业人员缴纳保险费。	第四十八条　生产经营单位必须依法参加工伤保险，为从业人员缴纳保险费。 国家鼓励生产经营单位投保安全生产责任保险。 **（为从业人员获得事故赔偿提供保障）**
第三章　从业人员的权利和义务	第三章　从业人员的安全生产权利和义务
第四十四条　生产经营单位与从业人员订立的劳动合同，应当载明有关保障从业人员劳动安全、防止职业危害的事项，以及依法为从业人员办理工伤社会保险的事项。 生产经营单位不得以任何形式与从业人员订立协议，免除或者减轻其对从业人员因生产安全事故伤亡依法应承担的责任。	第四十九条　生产经营单位与从业人员订立的劳动合同，应当载明有关保障从业人员劳动安全、防止职业危害的事项，以及依法为从业人员办理工伤保险的事项。 生产经营单位不得以任何形式与从业人员订立协议，免除或者减轻其对从业人员因生产安全事故伤亡依法应承担的责任。

续表

修 改 前	修改后及释义
第四十五条　生产经营单位的从业人员有权了解其作业场所和工作岗位存在的危险因素、防范措施及事故应急措施，有权对本单位的安全生产工作提出建议。	第五十条　生产经营单位的从业人员有权了解其作业场所和工作岗位存在的危险因素、防范措施及事故应急措施，有权对本单位的安全生产工作提出建议。
第四十六条　从业人员有权对本单位安全生产工作中存在的问题提出批评、检举、控告；有权拒绝违章指挥和强令冒险作业。 　　生产经营单位不得因从业人员对本单位安全生产工作提出批评、检举、控告或者拒绝违章指挥、强令冒险作业而降低其工资、福利等待遇或者解除与其订立的劳动合同。	第五十一条　从业人员有权对本单位安全生产工作中存在的问题提出批评、检举、控告；有权拒绝违章指挥和强令冒险作业。 　　生产经营单位不得因从业人员对本单位安全生产工作提出批评、检举、控告或者拒绝违章指挥、强令冒险作业而降低其工资、福利等待遇或者解除与其订立的劳动合同。
第四十七条　从业人员发现直接危及人身安全的紧急情况时，有权停止作业或者在采取可能的应急措施后撤离作业场所。 　　生产经营单位不得因从业人员在前款紧急情况下停止作业或者采取紧急撤离措施而降低其工资、福利等待遇或者解除与其订立的劳动合同。	第五十二条　从业人员发现直接危及人身安全的紧急情况时，有权停止作业或者在采取可能的应急措施后撤离作业场所。 　　生产经营单位不得因从业人员在前款紧急情况下停止作业或者采取紧急撤离措施而降低其工资、福利等待遇或者解除与其订立的劳动合同。
第四十八条　因生产安全事故受到损害的从业人员，除依法享有工伤社会保险外，依照有关民事法律尚有获得赔偿的权利的，有权向本单位提出赔偿要求。	第五十三条　因生产安全事故受到损害的从业人员，除依法享有工伤保险外，依照有关民事法律尚有获得赔偿的权利的，有权向本单位提出赔偿要求。
第四十九条　从业人员在作业过程中，应当严格遵守本单位的安全生产规章制度和操作规程，服从管理，正确佩戴和使用劳动防护用品。	第五十四条　从业人员在作业过程中，应当严格遵守本单位的安全生产规章制度和操作规程，服从管理，正确佩戴和使用劳动防护用品。
第五十条　从业人员应当接受安全生产教育和培训，掌握本职工作所需的安全生产知识，提高安全生产技能，增强事故预防和应急处理能力。	第五十五条　从业人员应当接受安全生产教育和培训，掌握本职工作所需的安全生产知识，提高安全生产技能，增强事故预防和应急处理能力。
第五十一条　从业人员发现事故隐患或者其他不安全因素，应当立即向现场安全生产管理人员或者本单位负责人报告；接到报告的人员应当及时予以处理。	第五十六条　从业人员发现事故隐患或者其他不安全因素，应当立即向现场安全生产管理人员或者本单位负责人报告；接到报告的人员应当及时予以处理。

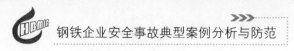
续表

修 改 前	修 改 后 及 释 义
第五十二条 工会有权对建设项目的安全设施与主体工程同时设计、同时施工、同时投入生产和使用进行监督，提出意见。 工会对生产经营单位违反安全生产法律、法规，侵犯从业人员合法权益的行为，有权要求纠正；发现生产经营单位违章指挥、强令冒险作业或者发现事故隐患时，有权提出解决的建议，生产经营单位应当及时研究答复；发现危及从业人员生命安全的情况时，有权向生产经营单位建议组织从业人员撤离危险场所，生产经营单位必须立即作出处理。 工会有权依法参加事故调查，向有关部门提出处理意见，并要求追究有关人员的责任。	第五十七条 工会有权对建设项目的安全设施与主体工程同时设计、同时施工、同时投入生产和使用进行监督，提出意见。 工会对生产经营单位违反安全生产法律、法规，侵犯从业人员合法权益的行为，有权要求纠正；发现生产经营单位违章指挥、强令冒险作业或者发现事故隐患时，有权提出解决的建议，生产经营单位应当及时研究答复；发现危及从业人员生命安全的情况时，有权向生产经营单位建议组织从业人员撤离危险场所，生产经营单位必须立即作出处理。 工会有权依法参加事故调查，向有关部门提出处理意见，并要求追究有关人员的责任。
	第五十八条 生产经营单位使用被派遣劳动者的，被派遣劳动者享有本法规定的从业人员的权利，并应当履行本法规定的从业人员的义务。 **（增加被派遣劳动者的权利义务规定）**
第四章 安全生产的监督管理	**第四章 安全生产的监督管理**
第五十三条 县级以上地方各级人民政府应当根据本行政区域内的安全生产状况，组织有关部门按照职责分工，对本行政区域内容易发生重大生产安全事故的生产经营单位进行严格检查；发现事故隐患，应当及时处理。	第五十九条 县级以上地方各级人民政府应当根据本行政区域内的安全生产状况，组织有关部门按照职责分工，对本行政区域内容易发生重大生产安全事故的生产经营单位进行严格检查。 安全生产监督管理部门应当按照分类分级监督管理的要求，制定安全生产年度监督检查计划，并按照年度监督检查计划进行监督检查，发现事故隐患，应当及时处理。
第五十四条 依照本法第九条规定对安全生产负有监督管理职责的部门（以下统称负有安全生产监督管理职责的部门）依照有关法律、法规的规定，对涉及安全生产的事项需要审查批准（包括批准、核准、许可、注册、认证、颁发证照等，下同）或者验收的，必须严格依照有关法律、法规和国家标准或者行业标准规定的安全生产条件和程序进行审查；不符合有关法律、法规和国家标准或者行业标准规定的安全生产条件的，不得批准或者验收通过。对未依法取得批准或者验收合格的单位擅自从事有关活动，负责行政审批的部门发现或者接到举报后应当立即予以取缔，并依法予以处理。对已经依法取得批准的单位，负责行政审批的部门发现其不再具备安全生产条件的，应当撤销原批准。	第六十条 负有安全生产监督管理职责的部门依照有关法律、法规的规定，对涉及安全生产的事项需要审查批准（包括批准、核准、许可、注册、认证、颁发证照等，下同）或者验收的，必须严格依照有关法律、法规和国家标准或者行业标准规定的安全生产条件和程序进行审查；不符合有关法律、法规和国家标准或者行业标准规定的安全生产条件的，不得批准或者验收通过。对未依法取得批准或者验收合格的单位擅自从事有关活动，负责行政审批的部门发现或者接到举报后应当立即予以取缔，并依法予以处理。对已经依法取得批准的单位，负责行政审批的部门发现其不再具备安全生产条件的，应当撤销原批准。

修 改 前	修改后及释义
第五十五条　负有安全生产监督管理职责的部门对涉及安全生产的事项进行审查、验收,不得收取费用;不得要求接受审查、验收的单位购买其指定品牌或者指定生产、销售单位的安全设备、器材或者其他产品。	第六十一条　负有安全生产监督管理职责的部门对涉及安全生产的事项进行审查、验收,不得收取费用;不得要求接受审查、验收的单位购买其指定品牌或者指定生产、销售单位的安全设备、器材或者其他产品。
第五十六条　负有安全生产监督管理职责的部门依法对生产经营单位执行有关安全生产的法律、法规和国家标准或者行业标准的情况进行监督检查,行使以下职权: (一)进入生产经营单位进行检查,调阅有关资料,向有关单位和人员了解情况。 (二)对检查中发现的安全生产违法行为,当场予以纠正或者要求限期改正;对依法应当给予行政处罚的行为,依照本法和其他有关法律、行政法规的规定作出行政处罚决定。 (三)对检查中发现的事故隐患,应当责令立即排除;重大事故隐患排除前或者排除过程中无法保证安全的,应当责令从危险区域内撤出作业人员,责令暂时停产停业或者停止使用;重大事故隐患排除后,经审查同意,方可恢复生产经营和使用。 (四)对有根据认为不符合保障安全生产的国家标准或者行业标准的设施、设备、器材予以查封或者扣押,并应当在 15 日内依法作出处理决定。 监督检查不得影响被检查单位的正常生产经营活动。	第六十二条　安全生产监督管理部门和其他负有安全生产监督管理职责的部门依法开展安全生产行政执法工作,对生产经营单位执行有关安全生产的法律、法规和国家标准或者行业标准的情况进行监督检查,行使以下职权: (一)进入生产经营单位进行检查,调阅有关资料,向有关单位和人员了解情况; (二)对检查中发现的安全生产违法行为,当场予以纠正或者要求限期改正;对依法应当给予行政处罚的行为,依照本法和其他有关法律、行政法规的规定作出行政处罚决定; (三)对检查中发现的事故隐患,应当责令立即排除;重大事故隐患排除前或者排除过程中无法保证安全的,应当责令从危险区域内撤出作业人员,责令暂时停产停业或者停止使用相关设施、设备;重大事故隐患排除后,经审查同意,方可恢复生产经营和使用; (四)对有根据认为不符合保障安全生产的国家标准或者行业标准的设施、设备、器材以及违法生产、储存、使用、经营、运输的危险物品予以查封或者扣押,对违法生产、储存、使用、经营危险物品的作业场所予以查封,并依法作出处理决定。 监督检查不得影响被检查单位的正常生产经营活动。 **(第四款增加了对场所予以查封的处理方式,并取消了时限)**
第五十七条　生产经营单位对负有安全生产监督管理职责的部门的监督检查人员(以下统称安全生产监督检查人员)依法履行监督检查职责,应当予以配合,不得拒绝、阻挠。	第六十三条　生产经营单位对负有安全生产监督管理职责的部门的监督检查人员(以下统称安全生产监督检查人员)依法履行监督检查职责,应当予以配合,不得拒绝、阻挠。
第五十八条　安全生产监督检查人员应当忠于职守,坚持原则,秉公执法。 安全生产监督检查人员执行监督检查任务时,必须出示有效的监督执法证件;对涉及被检查单位的技术秘密和业务秘密,应当为其保密。	第六十四条　安全生产监督检查人员应当忠于职守,坚持原则,秉公执法。 安全生产监督检查人员执行监督检查任务时,必须出示有效的监督执法证件;对涉及被检查单位的技术秘密和业务秘密,应当为其保密。

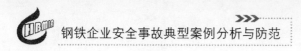

修　改　前	修改后及释义
第五十九条　安全生产监督检查人员应当将检查的时间、地点、内容、发现的问题及其处理情况，作出书面记录，并由检查人员和被检查单位的负责人签字；被检查单位的负责人拒绝签字的，检查人员应当将情况记录在案，并向负有安全生产监督管理职责的部门报告。	第六十五条　安全生产监督检查人员应当将检查的时间、地点、内容、发现的问题及其处理情况，作出书面记录，并由检查人员和被检查单位的负责人签字；被检查单位的负责人拒绝签字的，检查人员应当将情况记录在案，并向负有安全生产监督管理职责的部门报告。
第六十条　负有安全生产监督管理职责的部门在监督检查中，应当互相配合，实行联合检查；确需分别进行检查的，应当互通情况，发现存在的安全问题应当由其他有关部门进行处理的，应当及时移送其他有关部门并形成记录备查，接受移送的部门应当及时进行处理。	第六十六条　负有安全生产监督管理职责的部门在监督检查中，应当互相配合，实行联合检查；确需分别进行检查的，应当互通情况，发现存在的安全问题应当由其他有关部门进行处理的，应当及时移送其他有关部门并形成记录备查，接受移送的部门应当及时进行处理。
	第六十七条　负有安全生产监督管理职责的部门依法对存在重大事故隐患的生产经营单位作出停产停业、停止施工、停止使用相关设施或者设备的决定，生产经营单位应当依法执行，及时消除事故隐患。生产经营单位拒不执行，有发生生产安全事故的现实危险的，在保证安全的前提下，经本部门主要负责人批准，负有安全生产监督管理职责的部门可以采取通知有关单位停止供电、停止供应民用爆炸物品等措施，强制生产经营单位履行决定。通知应当采用书面形式，有关单位应当予以配合。 负有安全生产监督管理职责的部门依照前款规定采取停止供电措施，除有危及生产安全的紧急情形外，应当提前二十四小时通知生产经营单位。生产经营单位依法履行行政决定、采取相应措施消除事故隐患的，负有安全生产监督管理职责的部门应当及时解除前款规定的措施。 **（明确了停产停业、停止施工、停止使用相关设施或者设备的执行方法，可采取停电、停供民用爆炸物品的强制措施）**
第六十一条　监察机关依照行政监察法的规定，对负有安全生产监督管理职责的部门及其工作人员履行安全生产监督管理职责实施监察。	第六十八条　监察机关依照行政监察法的规定，对负有安全生产监督管理职责的部门及其工作人员履行安全生产监督管理职责实施监察。

修 改 前	修改后及释义
第六十二条 承担安全评价、认证、检测、检验的机构应当具备国家规定的资质条件,并对其作出的安全评价、认证、检测、检验的结果负责。	第六十九条 承担安全评价、认证、检测、检验的机构应当具备国家规定的资质条件,并对其作出的安全评价、认证、检测、检验的结果负责。
第六十三条 负有安全生产监督管理职责的部门应当建立举报制度,公开举报电话、信箱或者电子邮件地址,受理有关安全生产的举报;受理的举报事项经调查核实后,应当形成书面材料;需要落实整改措施的,报经有关负责人签字并督促落实。	第七十条 负有安全生产监督管理职责的部门应当建立举报制度,公开举报电话、信箱或者电子邮件地址,受理有关安全生产的举报;受理的举报事项经调查核实后,应当形成书面材料;需要落实整改措施的,报经有关负责人签字并督促落实。
第六十四条 任何单位或者个人对事故隐患或者安全生产违法行为,均有权向负有安全生产监督管理职责的部门报告或者举报。	第七十一条 任何单位或者个人对事故隐患或者安全生产违法行为,均有权向负有安全生产监督管理职责的部门报告或者举报。
第六十五条 居民委员会、村民委员会发现其所在区域内的生产经营单位存在事故隐患或者安全生产违法行为时,应当向当地人民政府或者有关部门报告。	第七十二条 居民委员会、村民委员会发现其所在区域内的生产经营单位存在事故隐患或者安全生产违法行为时,应当向当地人民政府或者有关部门报告。
第六十六条 县级以上各级人民政府及其有关部门对报告重大事故隐患或者举报安全生产违法行为的有功人员,给予奖励。具体奖励办法由国务院负责安全生产监督管理的部门会同国务院财政部门制定。	第七十三条 县级以上各级人民政府及其有关部门对报告重大事故隐患或者举报安全生产违法行为的有功人员,给予奖励。具体奖励办法由国务院安全生产监督管理部门会同国务院财政部门制定。
第六十七条 新闻、出版、广播、电影、电视等单位有进行安全生产宣传教育的义务,有对违反安全生产法律、法规的行为进行舆论监督的权利。	第七十四条 新闻、出版、广播、电影、电视等单位有进行安全生产公益宣传教育的义务,有对违反安全生产法律、法规的行为进行舆论监督的权利。
	第七十五条 负有安全生产监督管理职责的部门应当建立安全生产违法行为信息库,如实记录生产经营单位的安全生产违法行为信息;对违法行为情节严重的生产经营单位,应当向社会公告,并通报行业主管部门、投资主管部门、国土资源主管部门、证券监督管理机构以及有关金融机构。 **(明确了建立安全生产诚信管理体系)**

续表

修　改　前	修改后及释义
第五章　生产安全事故的应急救援与调查处理	第五章　生产安全事故的应急救援与调查处理
	第七十六条　国家加强生产安全事故应急能力建设，在重点行业、领域建立应急救援基地和应急救援队伍，鼓励生产经营单位和其他社会力量建立应急救援队伍，配备相应的应急救援装备和物资，提高应急救援的专业化水平。 国务院安全生产监督管理部门建立全国统一的生产安全事故应急救援信息系统，国务院有关部门建立健全相关行业、领域的生产安全事故应急救援信息系统。 （明确了国家层面的应急救援系统内容）
第六十八条　县级以上地方各级人民政府应当组织有关部门制定本行政区域内特大生产安全事故应急救援预案，建立应急救援体系。	第七十七条　县级以上地方各级人民政府应当组织有关部门制定本行政区域内生产安全事故应急救援预案，建立应急救援体系。
	第七十八条　生产经营单位应当制定本单位生产安全事故应急救援预案，与所在地县级以上地方人民政府组织制定的生产安全事故应急救援预案相衔接，并定期组织演练。 （明确了生产经营单位应急救援预案要求）
第六十九条　危险物品的生产、经营、储存单位以及矿山、建筑施工单位应当建立应急救援组织；生产经营规模较小，可以不建立应急救援组织的，应当指定兼职的应急救援人员。 危险物品的生产、经营、储存单位以及矿山、建筑施工单位应当配备必要的应急救援器材、设备，并进行经常性维护、保养，保证正常运转。	第七十九条　危险物品的生产、经营、储存单位以及矿山、金属冶炼、城市轨道交通运营、建筑施工单位应当建立应急救援组织；生产经营规模较小的，可以不建立应急救援组织，但应当指定兼职的应急救援人员。 危险物品的生产、经营、储存、运输单位以及矿山、金属冶炼、城市轨道交通运营、建筑施工单位应当配备必要的应急救援器材、设备和物资，并进行经常性维护、保养，保证正常运转。 （增加了建设应急救援组织的单位范围）
第七十条　生产经营单位发生生产安全事故后，事故现场有关人员应当立即报告本单位负责人。 单位负责人接到事故报告后，应当迅速采取有效措施，组织抢救，防止事故扩大，减少人员伤亡和财产损失，并按照国家有关规定立即如实报告当地负有安全生产监督管理职责的部门，不得隐瞒不报、谎报或者拖延不报，不得故意破坏事故现场、毁灭有关证据。	第八十条　生产经营单位发生生产安全事故后，事故现场有关人员应当立即报告本单位负责人。 单位负责人接到事故报告后，应当迅速采取有效措施，组织抢救，防止事故扩大，减少人员伤亡和财产损失，并按照国家有关规定立即如实报告当地负有安全生产监督管理职责的部门，不得隐瞒不报、谎报或者迟报，不得故意破坏事故现场、毁灭有关证据。

续表

修　改　前	修改后及释义
第七十一条　负有安全生产监督管理职责的部门接到事故报告后，应当立即按照国家有关规定上报事故情况，负有安全生产监督管理职责的部门和有关地方人民政府对事故情况不得隐瞒不报、谎报或者拖延不报。	第八十一条　负有安全生产监督管理职责的部门接到事故报告后，应当立即按照国家有关规定上报事故情况，负有安全生产监督管理职责的部门和有关地方人民政府对事故情况不得隐瞒不报、谎报或者迟报。
第七十二条　有关地方人民政府和负有安全生产监督管理职责的部门的负责人接到重大生产安全事故报告后，应当立即赶到事故现场，组织事故抢救。 任何单位和个人都应当支持、配合事故抢救，并提供一切便利条件。	第八十二条　有关地方人民政府和负有安全生产监督管理职责的部门的负责人接到生产安全事故报告后，应当按照生产安全事故应急救援预案的要求立即赶到事故现场，组织事故抢救。 参与事故抢救的部门和单位应当服从统一指挥，加强协同联动，采取有效的应急救援措施，并根据事故救援的需要采取警戒、疏散等措施，防止事故扩大和次生灾害的发生，减少人员伤亡和财产损失。 事故抢救过程中应当采取必要措施，避免或者减少对环境造成的危害。 任何单位和个人都应当支持、配合事故抢救，并提供一切便利条件。 （明确了现场救援有关事项）
第七十三条　事故调查处理应当按照实事求是、尊重科学的原则，及时、准确地查清事故原因，查明事故性质和责任，总结事故教训，提出整改措施，并对事故责任者提出处理意见。事故调查和处理的具体办法由国务院制定。	第八十三条　事故调查处理应当按照科学严谨、依法依规、实事求是、注重实效的原则，及时、准确地查清事故原因，查明事故性质和责任，总结事故教训，提出整改措施，并对事故责任者提出处理意见。事故调查报告应当依法及时向社会公布。事故调查和处理的具体办法由国务院制定。 事故发生单位应当及时全面落实整改措施，负有安全生产监督管理职责的部门应当加强监督检查。 （明确了事故调查处理要求）
第七十四条　生产经营单位发生生产安全事故，经调查确定为责任事故的，除了应当查明事故单位的责任并依法予以追究外，还应当查明对安全生产的有关事项负有审查批准和监督职责的行政部门的责任，对有失职、渎职行为的，依照本法第七十七条的规定追究法律责任。	第八十四条　生产经营单位发生生产安全事故，经调查确定为责任事故的，除了应当查明事故单位的责任并依法予以追究外，还应当查明对安全生产的有关事项负有审查批准和监督职责的行政部门的责任，对有失职、渎职行为的，依照本法第八十七条的规定追究法律责任。

续表

修　改　前	修改后及释义
第七十五条　任何单位和个人不得阻挠和干涉对事故的依法调查处理。	第八十五条　任何单位和个人不得阻挠和干涉对事故的依法调查处理。
第七十六条　县级以上地方各级人民政府负责安全生产监督管理的部门应当定期统计分析本行政区域内发生生产安全事故的情况，并定期向社会公布。	第八十六条　县级以上地方各级人民政府安全生产监督管理部门应当定期统计分析本行政区域内发生生产安全事故的情况，并定期向社会公布。
第六章　法律责任	第六章　法律责任
第七十七条　负有安全生产监督管理职责的部门的工作人员，有下列行为之一的，给予降级或者撤职的行政处分；构成犯罪的，依照刑法有关规定追究刑事责任： 　　（一）对不符合法定安全生产条件的涉及安全生产的事项予以批准或者验收通过的； 　　（二）发现未依法取得批准、验收的单位擅自从事有关活动或者接到举报后不予取缔或者不依法予以处理的； 　　（三）对已经依法取得批准的单位不履行监督管理职责，发现其不再具备安全生产条件而不撤销原批准或者发现安全生产违法行为不予查处的。	第八十七条　负有安全生产监督管理职责的部门的工作人员，有下列行为之一的，给予降级或者撤职的处分；构成犯罪的，依照刑法有关规定追究刑事责任： 　　（一）对不符合法定安全生产条件的涉及安全生产的事项予以批准或者验收通过的； 　　（二）发现未依法取得批准、验收的单位擅自从事有关活动或者接到举报后不予取缔或者不依法予以处理的； 　　（三）对已经依法取得批准的单位不履行监督管理职责，发现其不再具备安全生产条件而不撤销原批准或者发现安全生产违法行为不予查处的； 　　（四）在监督检查中发现重大事故隐患，不依法及时处理的。 　　负有安全生产监督管理职责的部门的工作人员有前款规定以外的滥用职权、玩忽职守、徇私舞弊行为的，依法给予处分；构成犯罪的，依照刑法有关规定追究刑事责任。 　　**（增加了追究责任的行为）**
第七十八条　负有安全生产监督管理职责的部门，要求被审查、验收的单位购买其指定的安全设备、器材或者其他产品的，在对安全生产事项的审查、验收中收取费用的，由其上级机关或者监察机关责令改正，责令退还收取的费用；情节严重的，对直接负责的主管人员和其他直接责任人员依法给予行政处分。	第八十八条　负有安全生产监督管理职责的部门，要求被审查、验收的单位购买其指定的安全设备、器材或者其他产品的，在对安全生产事项的审查、验收中收取费用的，由其上级机关或者监察机关责令改正，责令退还收取的费用；情节严重的，对直接负责的主管人员和其他直接责任人员依法给予处分。

修　改　前	修改后及释义
第七十九条　承担安全评价、认证、检测、检验工作的机构，出具虚假证明，构成犯罪的，依照刑法有关规定追究刑事责任；尚不够刑事处罚的，没收违法所得，违法所得在5000元以上的，并处违法所得2倍以上5倍以下的罚款，没有违法所得或者违法所得不足5000元的，单处或者并处5000元以上2万元以下的罚款，对其直接负责的主管人员和其他直接责任人员处5000元以上5万元以下的罚款；给他人造成损害的，与生产经营单位承担带赔偿责任。 　　对有前款违法行为的机构，撤销其相应资格。	第八十九条　承担安全评价、认证、检测、检验工作的机构，出具虚假证明的，没收违法所得；违法所得在十万元以上的，并处违法所得二倍以上五倍以下的罚款；没有违法所得或者违法所得不足十万元的，单处或者并处十万元以上二十万元以下的罚款；对其直接负责的主管人员和其他直接责任人员处二万元以上五万元以下的罚款；给他人造成损害的，与生产经营单位承担连带赔偿责任；构成犯罪的，依照刑法有关规定追究刑事责任。 　　对有前款违法行为的机构，吊销其相应资质。
第八十条　生产经营单位的决策机构、主要负责人、个人经营的投资人不依照本法规定保证安全生产所必需的资金投入，致使生产经营单位不具备安全生产条件的，责令限期改正，提供必要的资金；逾期未改正的，责令生产经营单位停产停业整顿。 　　有前款违法行为，导致发生生产安全事故，构成犯罪的，依照刑法有关规定追究刑事责任；尚不够刑事处罚的，对生产经营单位的主要负责人给予撤职处分，对个人经营的投资人处2万元以上20万元以下的罚款。	第九十条　生产经营单位的决策机构、主要负责人或者个人经营的投资人不依照本法规定保证安全生产所必需的资金投入，致使生产经营单位不具备安全生产条件的，责令限期改正，提供必要的资金；逾期未改正的，责令生产经营单位停产停业整顿。 　　有前款违法行为，导致发生生产安全事故的，对生产经营单位的主要负责人给予撤职处分，对个人经营的投资人处二万元以上二十万元以下的罚款；构成犯罪的，依照刑法有关规定追究刑事责任。
第八十一条　生产经营单位的主要负责人未履行本法规定的安全生产管理职责的，责令限期改正；逾期未改正的，责令生产经营单位停产停业整顿。 　　生产经营单位的主要负责人有前款违法行为，导致发生生产安全事故，构成犯罪的，依照刑法有关规定追究刑事责任；尚不够刑事处罚的，给予撤职处分或者处2万元以上20万元以下的罚款。 　　生产经营单位的主要负责人依照前款规定受刑事处罚或者撤职处分的，自刑罚执行完毕或者受处分之日起，5年内不得担任任何生产经营单位的主要负责人。	第九十一条　生产经营单位的主要负责人未履行本法规定的安全生产管理职责的，责令限期改正；逾期未改正的，处二万元以上五万元以下的罚款，责令生产经营单位停产停业整顿。 　　生产经营单位的主要负责人有前款违法行为，导致发生生产安全事故的，给予撤职处分；构成犯罪的，依照刑法有关规定追究刑事责任。 　　生产经营单位的主要负责人依照前款规定受刑事处罚或者撤职处分的，自刑罚执行完毕或者受处分之日起，五年内不得担任任何生产经营单位的主要负责人；对重大、特别重大生产安全事故负有责任的，终身不得担任本行业生产经营单位的主要负责人。 　　**（增加了终生禁止的规定）**

续表

修 改 前	修改后及释义
	第九十二条　生产经营单位的主要负责人未履行本法规定的安全生产管理职责，导致发生生产安全事故的，由安全生产监督管理部门依照下列规定处以罚款： （一）发生一般事故的，处上一年年收入百分之三十的罚款； （二）发生较大事故的，处上一年年收入百分之四十的罚款； （三）发生重大事故的，处上一年年收入百分之六十的罚款； （四）发生特别重大事故的，处上一年年收入百分之八十的罚款。 **（明确了罚款处罚的具体标准）**
	第九十三条　生产经营单位的安全生产管理人员未履行本法规定的安全生产管理职责的，责令限期改正；导致发生生产安全事故的，暂停或者撤销其与安全生产有关的资格；构成犯罪的，依照刑法有关规定追究刑事责任。 **（明确了生产经营单位安全生产管理人员未履行职责的处理）**
第八十二条　生产经营单位有下列行为之一的，责令限期改正；逾期未改正的，责令停产停业整顿，可以并处 2 万元以下的罚款： （一）未按照规定设立安全生产管理机构或者配备安全生产管理人员的； （二）危险物品的生产、经营、储存单位以及矿山、建筑施工单位的主要负责人和安全生产管理人员未按照规定经考核合格的； （三）未按照本法第二十一条、第二十二条的规定对从业人员进行安全生产教育和培训，或者未按照本法第三十六条的规定如实告知从业人员有关的安全生产事项的； （四）特种作业人员未按照规定经专门的安全作业培训并取得特种作业操作资格证书，上岗作业的。	第九十四条　生产经营单位有下列行为之一的，责令限期改正，可以处五万元以下的罚款；逾期未改正的，责令停产停业整顿，并处五万元以上十万元以下的罚款，对其直接负责的主管人员和其他直接责任人员处一万元以上二万元以下的罚款： （一）未按照规定设置安全生产管理机构或者配备安全生产管理人员的； （二）危险物品的生产、经营、储存单位以及矿山、金属冶炼、建筑施工、道路运输单位的主要负责人和安全生产管理人员未按照规定经考核合格的； （三）未按照规定对从业人员、被派遣劳动者、实习学生进行安全生产教育和培训，或者未按照规定如实告知有关的安全生产事项的； （四）未如实记录安全生产教育和培训情况的； （五）未将事故隐患排查治理情况如实记录或者未向从业人员通报的； （六）未按照规定制定生产安全事故应急救援预案或者未定期组织演练的； （七）特种作业人员未按照规定经专门的安全作业培训并取得相应资格，上岗作业的。 **（增加了生产经营单位罚款处理的行为）**

修 改 前	修改后及释义
	第九十五条 生产经营单位有下列行为之一的,责令停止建设或者停产停业整顿,限期改正;逾期未改正的,处五十万元以上一百万元以下的罚款,对其直接负责的主管人员和其他直接责任人员处二万元以上五万元以下的罚款;构成犯罪的,依照刑法有关规定追究刑事责任: 　　(一)未按照规定对矿山、金属冶炼建设项目或者用于生产、储存、装卸危险物品的建设项目进行安全评价的; 　　(二)矿山、金属冶炼建设项目或者用于生产、储存、装卸危险物品的建设项目没有安全设施设计或者安全设施设计未按照规定报经有关部门审查同意的; 　　(三)矿山、金属冶炼建设项目或者用于生产、储存、装卸危险物品的建设项目的施工单位未按照批准的安全设施设计施工的; 　　(四)矿山、金属冶炼建设项目或者用于生产、储存危险物品的建设项目竣工投入生产或者使用前,安全设施未经验收合格的。
第八十三条 生产经营单位有下列行为之一的,责令限期改正;逾期未改正的,责令停止建设或者停产停业整顿,可以并处 5 万元以下的罚款;造成严重后果,构成犯罪的,依照刑法有关规定追究刑事责任: 　　(一)矿山建设项目或者用于生产、储存危险物品的建设项目没有安全设施设计或者安全设施设计未按照规定报经有关部门审查同意的; 　　(二)矿山建设项目或者用于生产、储存危险物品的建设项目的施工单位未按照批准的安全设施设计施工的; 　　(三)矿山建设项目或者用于生产、储存危险物品的建设项目竣工投入生产或者使用前,安全设施未经验收合格的; 　　(四)未在有较大危险因素的生产经营场所和有关设施、设备上设置明显的安全警示标志的; 　　(五)安全设备的安装、使用、检测、改造和报废不符合国家标准或者行业标准的; 　　(六)未对安全设备进行经常性维护、保养和定期检测的; 　　(七)未为从业人员提供符合国家标准或者行业标准的劳动防护用品的; 　　(八)特种设备以及危险物品的容器、运输工具未经取得专业资质的机构检测、检验合格,取得安全使用证或者安全标志,投入使用的; 　　(九)使用国家明令淘汰、禁止使用的危及生产安全的工艺、设备的。	第九十六条 生产经营单位有下列行为之一的,责令限期改正,可以处五万元以下的罚款;逾期未改正的,处五万元以上二十万元以下的罚款,对其直接负责的主管人员和其他直接责任人员处一万元以上二万元以下的罚款;情节严重的,责令停产停业整顿;构成犯罪的,依照刑法有关规定追究刑事责任: 　　(一)未在有较大危险因素的生产经营场所和有关设施、设备上设置明显的安全警示标志的; 　　(二)安全设备的安装、使用、检测、改造和报废不符合国家标准或者行业标准的; 　　(三)未对安全设备进行经常性维护、保养和定期检测的; 　　(四)未为从业人员提供符合国家标准或者行业标准的劳动防护用品的; 　　(五)危险物品的容器、运输工具,以及涉及人身安全、危险性较大的海洋石油开采特种设备和矿山井下特种设备未经具有专业资质的机构检测、检验合格,取得安全使用证或者安全标志,投入使用的; 　　(六)使用应当淘汰的危及生产安全的工艺、设备的。

续表

修 改 前	修改后及释义
第八十四条 未经依法批准，擅自生产、经营、储存危险物品的，责令停止违法行为或者予以关闭，没收违法所得，违法所得10万元以上的，并处违法所得1倍以上5倍以下的罚款，没有违法所得或者违法所得不足10万元的，单处或者并处2万元以上10万元以下的罚款；造成严重后果，构成犯罪的，依照刑法有关规定追究刑事责任。	第九十七条 未经依法批准，擅自生产、经营、运输、储存、使用危险物品或者处置废弃危险物品的，依照有关危险物品安全管理的法律、行政法规的规定予以处罚；构成犯罪的，依照刑法有关规定追究刑事责任。
第八十五条 生产经营单位有下列行为之一的，责令限期改正；逾期未改正的，责令停产停业整顿，可以并处2万元以上10万元以下的罚款；造成严重后果，构成犯罪的，依照刑法有关规定追究刑事责任： （一）生产、经营、储存、使用危险物品，未建立专门安全管理制度、未采取可靠的安全措施或者不接受有关主管部门依法实施的监督管理的； （二）对重大危险源未登记建档，或者未进行评估、监控，或者未制定应急预案的； （三）进行爆破、吊装等危险作业，未安排专门管理人员进行现场安全管理的。	第九十八条 生产经营单位有下列行为之一的，责令限期改正，可以处十万元以下的罚款；逾期未改正的，责令停产停业整顿，并处十万元以上二十万元以下的罚款，对其直接负责的主管人员和其他直接责任人员处二万元以上五万元以下的罚款；构成犯罪的，依照刑法有关规定追究刑事责任： （一）生产、经营、运输、储存、使用危险物品或者处置废弃危险物品，未建立专门安全管理制度、未采取可靠的安全措施的； （二）对重大危险源未登记建档，或者未进行评估、监控，或者未制定应急预案的； （三）进行爆破、吊装以及国务院安全生产监督管理部门会同国务院有关部门规定的其他危险作业，未安排专门人员进行现场安全管理的； （四）未建立事故隐患排查治理制度的。 **（提高了罚款额度，增加了处以罚款的行为）**
第八十六条 生产经营单位将生产经营项目、场所、设备发包或者出租给不具备安全生产条件或者相应资质的单位或者个人的，责令限期改正，没收违法所得；违法所得5万元以上的，并处违法所得1倍以上5倍以下的罚款；没有违法所得或者违法所得不足5万元的，单处或者并处1万元以上5万元以下的罚款；导致发生生产安全事故给他人造成损害的，与承包方、承租方承担连带赔偿责任。 生产经营单位未与承包单位、承租单位签订专门的安全生产管理协议或者未在承包合同、租赁合同中明确各自的安全生产管理职责，或者未对承包单位、承租单位的安全生产统一协调、管理的，责令限期改正；逾期未改正的，责令停产停业整顿。	第九十九条 生产经营单位未采取措施消除事故隐患的，责令立即消除或者限期消除；生产经营单位拒不执行的，责令停产停业整顿，并处十万元以上五十万元以下的罚款，对其直接负责的主管人员和其他直接责任人员处二万元以上五万元以下的罚款。

修　改　前	修改后及释义
第八十七条　两个以上生产经营单位在同一作业区域内进行可能危及对方安全生产的生产经营活动,未签订安全生产管理协议或者未指定专职安全生产管理人员进行安全检查与协调的,责令限期改正;逾期未改正的,责令停产停业。	第一百条　生产经营单位将生产经营项目、场所、设备发包或者出租给不具备安全生产条件或者相应资质的单位或者个人的,责令限期改正,没收违法所得;违法所得十万元以上的,并处违法所得二倍以上五倍以下的罚款;没有违法所得或者违法所得不足十万元的,单处或者并处十万元以上二十万元以下的罚款;对其直接负责的主管人员和其他直接责任人员处一万元以上二万元以下的罚款;导致发生生产安全事故给他人造成损害的,与承包方、承租方承担连带赔偿责任。 生产经营单位未与承包单位、承租单位签订专门的安全生产管理协议或者未在承包合同、租赁合同中明确各自的安全生产管理职责,或者未对承包单位、承租单位的安全生产统一协调、管理的,责令限期改正,可以处五万元以下的罚款,对其直接负责的主管人员和其他直接责任人员可以处一万元以下的罚款;逾期未改正的,责令停产停业整顿。
第八十八条　生产经营单位有下列行为之一的,责令限期改正,逾期未改正的,责令停产停业整顿;造成严重后果,构成犯罪的,依照刑法有关规定追究刑事责任: 　　(一)生产、经营、储存、使用危险物品的车间、商店、仓库与员工宿舍在同一座建筑内,或者与员工宿舍的距离不符合安全要求的; 　　(二)生产经营场所和员工宿舍未设有符合紧急疏散需要、标志明显、保持畅通的出口,或者封闭、堵塞生产经营场所或者员工宿舍出口的。	第一百零二条　生产经营单位有下列行为之一的,责令限期改正,可以处五万元以下的罚款,对其直接负责的主管人员和其他直接责任人员可以处一万元以下的罚款;逾期未改正的,责令停产停业整顿;构成犯罪的,依照刑法有关规定追究刑事责任: 　　(一)生产、经营、储存、使用危险物品的车间、商店、仓库与员工宿舍在同一座建筑内,或者与员工宿舍的距离不符合安全要求的; 　　(二)生产经营场所和员工宿舍未设有符合紧急疏散需要、标志明显、保持畅通的出口,或者锁闭、封堵生产经营场所或者员工宿舍出口的。
第八十九条　生产经营单位与从业人员订立协议,免除或者减轻其对从业人员因生产安全事故伤亡依法应承担的责任的,该协议无效;对生产经营单位的主要负责人、个人经营的投资人处2万元以上10万元以下的罚款。	第一百零三条　生产经营单位与从业人员订立协议,免除或者减轻其对从业人员因生产安全事故伤亡依法应承担的责任的,该协议无效;对生产经营单位的主要负责人、个人经营的投资人处2万元以上10万元以下的罚款。

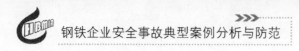

续表

修 改 前	修改后及释义
第九十条 生产经营单位的从业人员不服从管理，违反安全生产规章制度或者操作规程的，由生产经营单位给予批评教育，依照有关规章制度给予处分；造成重大事故，构成犯罪的，依照刑法有关规定追究刑事责任。	第一百零四条 生产经营单位的从业人员不服从管理，违反安全生产规章制度或者操作规程的，由生产经营单位给予批评教育，依照有关规章制度给予处分；构成犯罪的，依照刑法有关规定追究刑事责任。
	第一百零五条 违反本法规定，生产经营单位拒绝、阻碍负有安全生产监督管理职责的部门依法实施监督检查的，责令改正；拒不改正的，处二万元以上二十万元以下的罚款；对其直接负责的主管人员和其他直接责任人员处一万元以上二万元以下的罚款；构成犯罪的，依照刑法有关规定追究刑事责任。 （明确了对拒绝、阻碍依法监督检查行为的处罚）
第九十一条 生产经营单位主要负责人在本单位发生重大生产安全事故时，不立即组织抢救或者在事故调查处理期间擅离职守或者逃匿的，给予降职、撤职的处分，对逃匿的处15日以下拘留；构成犯罪的，依照刑法有关规定追究刑事责任。 生产经营单位主要负责人对生产安全事故隐瞒不报、谎报或者拖延不报的，依照前款规定处罚。	第一百零六条 生产经营单位的主要负责人在本单位发生生产安全事故时，不立即组织抢救或者在事故调查处理期间擅离职守或者逃匿的，给予降级、撤职的处分，并由安全生产监督管理部门处上一年年收入百分之六十至百分之一百的罚款；对逃匿的处十五日以下拘留；构成犯罪的，依照刑法有关规定追究刑事责任。 生产经营单位主要负责人对生产安全事故隐瞒不报、谎报或者迟报的，依照前款规定处罚。
第九十二条 有关地方人民政府、负有安全生产监督管理职责的部门，对生产安全事故隐瞒不报、谎报或者拖延不报的，对直接负责的主管人员和其他直接责任人员依法给予行政处分；构成犯罪的，依照刑法有关规定追究刑事责任。	第一百零七条 有关地方人民政府、负有安全生产监督管理职责的部门，对生产安全事故隐瞒不报、谎报或者迟报的，对直接负责的主管人员和其他直接责任人员依法给予处分；构成犯罪的，依照刑法有关规定追究刑事责任。
第九十三条 生产经营单位不具备本法和其他有关法律、行政法规和国家标准或者行业标准规定的安全生产条件，经停产停业整顿仍不具备安全生产条件的，予以关闭；有关部门应当依法吊销其有关证照。	第一百零八条 生产经营单位不具备本法和其他有关法律、行政法规和国家标准或者行业标准规定的安全生产条件，经停产停业整顿仍不具备安全生产条件的，予以关闭；有关部门应当依法吊销其有关证照。

修 改 前	修改后及释义
	第一百零九条　发生生产安全事故,对负有责任的生产经营单位除要求其依法承担相应的赔偿等责任外,由安全生产监督管理部门依照下列规定处以罚款: （一）发生一般事故的,处二十万元以上五十万元以下的罚款; （二）发生较大事故的,处五十万元以上一百万元以下的罚款; （三）发生重大事故的,处一百万元以上五百万元以下的罚款; （四）发生特别重大事故的,处五百万元以上一千万元以下的罚款;情节特别严重的,处一千万元以上二千万元以下的罚款。 **（以上所有行政处罚体现了四个特点:一是处罚力度大幅提高;二是发现隐患直接罚款,不按要求及时整改再进一步加大处罚力度;三是措施更硬、影响更大,多部门联动;四是对当事人的追究力度更大）**
第九十四条　本法规定的行政处罚,由负责安全生产监督管理的部门决定;予以关闭的行政处罚由负责安全生产监督管理的部门报请县级以上人民政府按照国务院规定的权限决定;给予拘留的行政处罚由公安机关依照治安管理处罚法的规定决定。有关法律、行政法规对行政处罚的决定机关另有规定的,依照其规定。	第一百一十条　本法规定的行政处罚,由安全生产监督管理部门和其他负有安全生产监督管理职责的部门按照职责分工决定。予以关闭的行政处罚由负有安全生产监督管理职责的部门报请县级以上人民政府按照国务院规定的权限决定;给予拘留的行政处罚由公安机关依照治安管理处罚法的规定决定。
第九十五条　生产经营单位发生生产安全事故造成人员伤亡、他人财产损失的,应当依法承担赔偿责任;拒不承担或者其负责人逃匿的,由人民法院依法强制执行。 　　生产安全事故的责任人未依法承担赔偿责任,经人民法院依法采取执行措施后,仍不能对受害人给予足额赔偿的,应当继续履行赔偿义务;受害人发现责任人有其他财产的,可以随时请求人民法院执行。	第一百一十一条　生产经营单位发生生产安全事故造成人员伤亡、他人财产损失的,应当依法承担赔偿责任;拒不承担或者其负责人逃匿的,由人民法院依法强制执行。 　　生产安全事故的责任人未依法承担赔偿责任,经人民法院依法采取执行措施后,仍不能对受害人给予足额赔偿的,应当继续履行赔偿义务;受害人发现责任人有其他财产的,可以随时请求人民法院执行。

续表

修 改 前	修改后及释义
第七章 附 则	第七章 附 则
第九十六条 本法下列用语的含义： 危险物品，是指易燃易爆物品、危险化学品、放射性物品等能够危及人身安全和财产安全的物品。 重大危险源，是指长期地或者临时地生产、搬运、使用或者储存危险物品，且危险物品的数量等于或者超过临界量的单元（包括场所和设施）。	第一百一十二条 本法下列用语的含义： 危险物品，是指易燃易爆物品、危险化学品、放射性物品等能够危及人身安全和财产安全的物品。 重大危险源，是指长期地或者临时地生产、搬运、使用或者储存危险物品，且危险物品的数量等于或者超过临界量的单元（包括场所和设施）。
	第一百一十三条 本法规定的生产安全一般事故、较大事故、重大事故、特别重大事故的划分标准由国务院规定。 国务院安全生产监督管理部门和其他负有安全生产监督管理职责的部门应当根据各自的职责分工，制定相关行业、领域重大事故隐患的判定标准。 **（明确了事故等级划分标准和重大事故隐患判定标准的规定或制定权限）**
第九十七条 本法自2002年11月1日起施行。	第一百一十四条 本法自2014年12月1日起施行。